INCÊNDIO trabalho e revolta no fim de linha brasileiro

um grupo de militantes na neblina

INCÊNDIO
trabalho e revolta no fim de linha brasileiro

Contrabando Editorial, 2023

Sumário

Apresentação	6
"Olha como a coisa virou"	12
Masterclass de fim do mundo	30
O Brasil tá on	35
Assalto à nuvem	43
Sobrevivendo no purgatório	57
Abandonai toda esperança	71
Luta de classes sem forma	82

Apresentação

Uma mulher pede ajuda ao psiquiatra:

— Doutor, meu marido vive pendurado no lustre, ele pensa que é uma lâmpada.
— Minha senhora — responde o médico perplexo —, e por que não o tira de lá?
— Para não ficar no escuro — explica a mulher.

Num tempo em que as respostas prontas para a velha pergunta "o que fazer?" naufragam em meio ao nevoeiro, é preciso desconfiar dos mapas já traçados e explorar o entorno com atenção. Ao insistir em navegar sem horizonte à vista, contudo, nos vemos constantemente no papel daquela senhora que reconhece a ilusão, mas não pode abrir mão dela.

Faz alguns anos que nos deparamos com tretas que interrompem os fluxos de avenidas e empresas, paralisam terminais de ônibus e aplicativos de entrega, tumultuam quebradas e escolas, sem adquirir contornos bem definidos. Tão explosivas quanto fugazes, elas escapam às formas que enquadraram o conflito social até o fim do século passado. A multidão que tomou as ruas brasileiras de assalto em junho de 2013 não era, afinal, fruto do "trabalho de base" e do "acúmulo de forças" que estavam até então na ordem do dia da militância de esquerda.

Para sondar como a revolta irrompeu — e pode voltar a irromper — do cotidiano massacrante de trabalho nas cidades, é indispensável trazer a investigação para o centro da preocupação política. Era este o sentido da retomada da ideia de "enquete operária" por alguns militantes na década de 1960,[1] a partir da constatação do

---

[1] Uma extensa reconstituição da história da proposta de "enquete operária" foi levada a cabo por

naufrágio do movimento revolucionário no pós-guerra: se nos dois lados do Muro de Berlim a exploração do trabalho seguia a todo vapor, nada estava resolvido. Era preciso voltar a atenção às lutas concretas que surgiam nesse novo cenário, pois só elas poderiam fornecer uma perspectiva de transformação real.

É nas disputas de cada tempo histórico que a classe trabalhadora toma forma. Assim como o futuro, ela não está dada: não é uma identidade fixa e atemporal, mas se transforma junto com o capitalismo. Desde a chamada reestruturação produtiva, o proletariado é uma incógnita. Enquanto ao longo do período fordista ele ocupou um lugar cada vez mais claro na cena política, suas aparições recentes são esquivas, confusas. E, se o interesse pela "enquete operária" recupera um nome antigo para uma prática política investigativa, num tempo em que a exploração há muito extrapolou os muros da fábrica, consumindo cada segundo da vida, e em que sofrimento e controle são os maiores produtos de qualquer trabalho, não seria mais adequado ter em vista uma "enquete anti-operária"[2]?

A experiência negativa do trabalho nos dias de hoje nos força a reconsiderar mesmo as tarefas que soariam óbvias. Quando as lutas não resultam em nenhum "acúmulo organizativo" que não se volte contra elas mesmas e a própria militância parece estar sempre a um passo da gestão, é apenas nos momentos de conflito aberto que se vislumbram faíscas de recusa.

Ao mesmo tempo, o esforço de intervenção nessas irrupções efêmeras produz uma espécie de "militância *freelance*",[3] que reflete a fluidez e a desagregação do mundo ao nosso redor: a organização militante também se dispersa na neblina. Reconhecer essa condição de instabilidade significa assumir nossa prática como "resí-

---

Asad Haider e Salar Mohandesi em "Enquete operária: uma genealogia" (*Passa Palavra*, mar. 2020, https://passapalavra.info/2020/03/130037/).

[2] A provocação é de Jacob Blumenfeld ("Enquete anti-operária", *Passa Palavra*, ago. 2015, https://passapalavra.info/2015/08/105627/).

[3] Como um camarada brinca há alguns anos e ficaria claro no balanço de uma experiência de atuação no "mundo do trabalho sob demanda" (Um grupo de militantes, "Disk Revolta: questões sobre uma tentativa recente de organização em call centers", *Passa Palavra*, mai. 2019, https://passapalavra.info/2019/05/126622/).

duo" e não "acúmulo"; momento de juntar estilhaços, elaborar as derrotas e manter-se à espreita dos próximos tremores.

Usando nomes que vêm e vão junto com as lutas, temos nos esforçado para tatear o terreno e formular o impasse, enquanto ponto de partida para a ação e a reflexão. Neste livro, reunimos alguns resultados provisórios da nossa investigação militante — para, quem sabe, encontrar outros navegantes inquietos à deriva.

Há quase dois séculos, assombrado com a guerra de classes que incendiava as ruas de Paris, um atento aristocrata escreveu: "estou cansado de pensar, mais uma vez, que alcançamos a costa, e descobrir que ela era apenas um enganoso nevoeiro. Frequentemente me pergunto se a terra firme que há muito tempo procuramos realmente existe, ou se nosso destino é apenas enfrentar o mar eternamente".[4] Do lado de cá da trincheira, ainda atordoados, tratamos de nos perguntar: mas será mesmo a segurança da terra firme que buscamos?

Um grupo de militantes na neblina
https://neblina.xyz
neblinaxyz@riseup.net

julho de 2022

---

[4] Alexis de Tocqueville, *Souvenirs de 1848*, em tradução livre (edição brasileira: *Lembranças de 1848*, São Paulo, Penguin - Cia. das Letras, 2011).

"Olha como a coisa virou"

janeiro de 2019*

---

* Publicado originalmente por um grupo de militantes em *Passa Palavra*, 25 jan. 2019. Nesta edição, os links de acesso às referências foram retirados das notas de rodapé. As citações completas encontram-se na versão online, disponível em https://neblina.xyz/olha-como.

Pode até pacificar, mas a volta vai ser triste
MC Vitinho[1]

"Olha como a coisa virou", dizia um camarada outro dia. "Uns anos atrás, se você tava numa padaria, num ponto de ônibus, e ouvia alguém reclamando do governo, isso dava um ânimo. A gente que é militante já via ali uma abertura para falar de política, um lampejo de consciência de classe. Não faz muito tempo, isso foi mudando. Hoje, quando escuto alguém reclamando, já ligo um alerta: 'putz, quer ver que o cara é Bolsonaro'..."

1.

Na opinião de Lula, "esse país não foi compreendido desde o que aconteceu em junho de 2013". Alguns meses antes de ser preso, ele declarou: "nós nos precipitamos em achar que 2013 foi uma coisa democrática".[2] Naturalmente, sua fala foi muito mal recebida entre os militantes que participaram daquela onda de manifestações: *olha aí o PT atacando junho de novo!*

Mas Lula estava errado? Junho de 2013 foi mesmo uma "coisa democrática"? Naquele fatídico mês, milhares – e depois milhões – de pessoas bloquearam avenidas e estradas em todo o país, enfrenta-

---

[1] MC Vitinho, "O Crime é o Crime / Dilma Sapatão / Instalar a UPP", *YouTube*, 14 jun. 2011.
[2] Fala do ex-presidente no "Ato Pela Reconstrução do Estado Democrático de Direito" realizado em um salão da Faculdade de Direito da UFRJ ("Lula diz que foi precipitado considerar atos de 2013 democráticos", *Folha de S. Paulo*, 11 ago. 2017).

ram as polícias, queimaram ônibus, atacaram prédios públicos e saquearam lojas. A redução do preço da tarifa de ônibus não era uma pauta a ser debatida e negociada, era uma exigência a ser imposta à força: "ou o governo abaixa, ou a cidade para!". Não soa exatamente "democrático"... Foi um movimento disruptivo, uma revolta[3] que atentava contra a ordem estabelecida[4] – o arranjo armado no período da redemocratização, fixado na Constituição Cidadã de 1988, que garantiu por duas décadas padrões socialmente aceitáveis de estabilidade e previsibilidade para a política brasileira.

Isso assustou. Em meio à maior mobilização popular da história do país, nos vimos perplexos: se rompermos com a ordem democrática, o que pode acontecer? Não havia revolução no horizonte. Naquele momento, a esquerda se descobriu intimamente ligada ao regime. Não só porque era ela quem estava no governo, mas porque, desde o fim dos anos 1970, "construir a democracia" se tornara seu objetivo máximo.

Desde 2013, a esquerda fugiu da revolta. E fez isso estendendo a bandeira da democracia. Por um lado, podia dizer que os protestos eram um perigo à ordem democrática e justificar a repressão[5]; ao mesmo tempo, podia elogiar as manifestações e enquadrá-las nessa ordem – ao enxergar em junho um movimento por "mais direitos" e "mais democracia", apagava o conteúdo concreto e contestatório dos protestos. A luta contra aquele aumento de 20 centavos não apenas tocou num aspecto crucial das condições ma-

---

[3] Falamos aqui em "revolta" pois esse foi o termo usado pela militância formada em torno dos levantes urbanos contra aumentos em tarifas de ônibus que eclodiram pelo país entre 2003 e 2013. Por outro lado, não deixamos de levar em conta a concepção de João Bernardo, para quem "a revolta é a agitação sob a bandeira do lugar-comum, exactamente o oposto da revolução, que é a liquidação dos lugares-comuns" (João Bernardo, "Revolta/revolução", *Passa Palavra*, 31 jul. 2013), distinção que contribui, inclusive, na análise dos limites enfrentados por essas lutas.

[4] "A única 'reivindicação do movimento' (...) não era uma, já que não deixava lugar para nenhuma organização, para nenhum 'diálogo'. Em seu caráter de todo negativo, ela significava apenas a recusa em continuar a ser governado assim (...)". Soa familiar essa descrição feita em 2016 pelo Comitê Invisível sobre os protestos contra a nova legislação trabalhista francesa (Comitê Invisível, *Motim e destituição agora*, São Paulo, n-1, 2017).

[5] Vale lembrar, por exemplo, a cena da intelectual petista Marilena Chauí dizendo, em palestra à PM do Rio, que os black blocs teriam inspiração fascista. Ver "'Black blocs' agem com inspiração fascista, diz filósofa a PMs do Rio", *Folha de S. Paulo*, 26 ago. 2013.

teriais de vida na metrópole, como expôs os limites dos canais de participação que vinham sendo aperfeiçoados nos últimos governos. A violência que tomou as ruas deixou o discurso democrático sem lugar.

Tanto é que, de lá pra cá, a insistência na defesa do Estado Democrático de Direito só nos trouxe o direito de perder direitos. E as Operações de Garantia da Lei e da Ordem não tardariam a se voltar contra o próprio governo que aprovou a Lei Antiterrorista.[6]

Já que a esquerda se identificava com a ordem, a contestação passou para o campo oposto. Foi a direita quem levou massas às ruas para derrubar um governo (e inverteu símbolos e práticas de junho, transfigurando, por exemplo, o MPL em MBL). Ela não perdeu tempo com a "defesa da democracia": para atingir seus objetivos políticos, soube usar as instituições e jogar taticamente com seus limites.[7] Ao coordenar jogadas no interior do Estado – no parlamento, no judiciário e mesmo nas forças armadas – com mobilizações nas ruas, chegou ao poder cercando-o por cima e por baixo, à semelhança do "movimento de pinça"[8] outrora almejado pela esquerda. Nas palavras de Paulo Arantes, essa nova direita ressuscitou a política "como luta, e não como gestão"[9].

---

[6] Refazendo o trajeto da escalada repressiva no longo rescaldo pós-junho do Rio de Janeiro entre 2013 e 2014, o filme *Operações de Garantia da Lei e da Ordem* (Julia Murat, 2017) traça a linha de continuidade entre o discurso de Dilma diante dos protestos e o discurso de posse de Temer: a defesa da ordem.

[7] De um lado, assistimos à cena em que Lula, mesmo sabendo que sua condenação era uma manobra política, se entregou à prisão reafirmando a confiança nas normas democráticas: "se eu não acreditasse na Justiça, eu não tinha feito partido político, eu tinha proposto uma revolução nesse país". Do outro, vemos que a cúpula da campanha de Jair Bolsonaro, mesmo sabendo que venceria as eleições, não parou de questionar a legitimidade das urnas ou de afirmar que uma vitória do opositor seria resultado de fraude. Eduardo Bolsonaro ainda zombou do Supremo Tribunal Federal, afirmando que para fechá-lo "bastam um soldado e um cabo".

[8] Expressão corrente nos meios militantes para designar a estratégia desenhada pelo chamado campo "democrático-popular" desde os anos 1980. Tal qual uma pinça, a tomada do poder envolveria um movimento duplo: por cima, a ocupação paulatina dos espaços institucionais; por baixo, a mobilização de massas dirigida por organizações populares, movimentos sociais e sindicatos.

[9] "Pela primeira vez, o que se exprime nas eleições", disse Paulo Arantes em entrevista recente, "não se resumia a gerar ou gerir políticas públicas clássicas, era tomar o poder com embate político" ("Abriu-se a porteira da absoluta ingovernabilidade no Brasil, diz Paulo Arantes", *Brasil de Fato*, 13 nov. 2018).

Nas eleições de 2018, Bolsonaro enfrentou o mesmo prefeito que enfrentamos em junho de 2013. E o presidente eleito também atenta frequentemente contra a mística democrática. É politicamente *incorreto*: não se atém ao decoro cultivado pelos demais atores do jogo político. De uma *webcam* em seu apartamento, fez declarações afrontando os Direitos Humanos, as urnas eletrônicas e a Constituição. Ao *falar o que não pode ser falado*, escracha o consenso constituído desde a redemocratização, expondo seu fundo falso e mobilizando justamente a revolta contra ele. Para os defensores do arranjo atacado por Bolsonaro, pode ser reconfortante crer que o novo presidente tenha sido eleito à base de mentiras (manipulando os usuários do WhatsApp com uma indústria de *fake news*); todavia, parece mais correto considerar o contrário: foi sobretudo por assumir abertamente verdades até então dissimuladas que o capitão angariou tamanho respaldo popular. Mas a constatação da violência social, neste caso, não aponta para um horizonte de transformação – ao invés disso, rebaixa de vez as expectativas. A hipocrisia deu lugar ao cinismo: o mundo é injusto, vai continuar sendo e, pra quem reclamar, vai ficar pior.[10]

Ao longo da campanha eleitoral, a esquerda discursou contra a ditadura. O problema é que, na prática, se falava "contra a ditadura para defender a ordem atual: eis um bom jeito de fazer as pessoas considerarem a ditadura uma possibilidade"[11]. Quando as forças que criticam a injustiça social tornam-se as mesmas que administram tal injustiça, temos um curto-circuito: o poder de contestação da ordem passa para o lado de quem escancara a violência e o sofrimento, assumindo-os cinicamente – não para colocá-los em questão, mas para

---

[10] Analisando os discursos de Ernesto Araújo, o recém-nomeado Ministro das Relações Exteriores do governo Bolsonaro, Jan Cenek chega a conclusões parecidas: "o programa da extrema-direita supera o reformismo surdo-mudo, porque assume e defende abertamente aquilo que o outro diz que não faria, mas fez e faz. Mantido o capitalismo, a repressão é inevitável, a diferença é que a extrema-direita defende abertamente a militarização e a violência, enquanto o reformismo surdo-mudo condena ambas apenas no discurso, que se autoproclama democrático (mas quem estava nas ruas em junho de 2013 sabe bem o que Haddad fez naquele outono)." (Jan Cenek, "Trump, o Ocidente, o chanceler, o ex-prefeito, o romance e a crise", *Antiode*, dez. 2018).
[11] Emiliano Augusto, "A paixão é um excelente tempero para ação, mas uma péssima lente para a análise", *Facebook*, 4 out. 2018.

ratificá-los. É assim que a própria percepção do cotidiano torturante pode se converter em justificativa para a tortura: "As pessoas a deus-dará nas filas dos hospitais, isso é que é tortura! 14 milhões de desempregados, isso é que é tortura!", defendia um eleitor de Bolsonaro entrevistado no extremo sul de São Paulo pouco depois do pleito.[12]

A rebeldia canalizada pela direita é paradoxal: contesta a ordem vigente valendo-se dela, e prometendo endurecê-la – o que nos remete à forma como João Bernardo define o fascismo: *uma revolta dentro da ordem*. Se podemos falar hoje de uma movimentação fascista, não seria tanto pelo caráter autoritário de Bolsonaro ou por seus discursos de ódio, mas pelo caldo popular revoltoso que o alimenta.[13]

2.

É verdade que, em comparação ao que foi o fascismo clássico, a revolta conservadora que vemos se desenvolver no Brasil atual parece ainda muito difusa. Porém, dizer que não se trata de um movimento fascista não significa que o cenário seja mais consolador. Afinal, também o "modo petista de governar" esteve bem distante da experiência socialdemocrata do início do século passado.

A socialdemocracia – que propunha, em troca de uma aliança com o capital, um programa de reformas estruturais e expansão de direitos universais a todos os cidadãos – mal pode ser comparada aos governos petistas, que se limitaram a combinar a expansão do mercado com políticas públicas baseadas em benefícios focalizados a segmentos específicos. Mesmo assim, constituíram uma eficiente engenharia de gestão dos conflitos sociais, incorporando as organizações de trabalhadores aos expedientes de governo.

---

12 Carolina Catini e Renan Oliveira, "Depois do fim", *Passa Palavra*, 1 nov. 2018.
13 Entende-se por fascismo um fenômeno histórico que não é mero sinônimo de autoritarismo exacerbado, como passou a ser usado no discurso corrente da esquerda. Vale notar, por exemplo, que a ditadura militar brasileira das décadas de 1960-80, apesar de autoritária e nacionalista, não foi propriamente fascista. Para uma extensa discussão acerca do tema, ver João Bernardo, *Labirintos do Fascismo* (3ª versão, revista e aumentada, 2018).

A estratégia de "acúmulo de forças" assumida pela esquerda brasileira significou, na prática, a conversão dos movimentos de base que entraram em cena no final da ditadura em *forças produtivas* do novo arranjo social.

O projeto de pacificação continuamente aprimorado durante os governos petistas representou, na realidade, uma guerra permanente[14] – visível não apenas através dos índices crescentes de despejos, encarceramento, chacinas, tortura e letalidade policial, mas também no trabalho. Ao lado dos dispositivos repressivos de exceção, o motor da nossa "economia emergente" foi um verdadeiro "estado de emergência econômico"[15], em que a calamidade social justificava políticas ditadas pela urgência. Sob o discurso da "ampliação de direitos", proliferaram variadas formas de subempregos, de rotinas maçantes e rendimentos duvidosos, enfim, aquilo que vulgarmente se conhece como "trabalhos de merda" ou "vagas arrombadas"[16].

O futuro prometido por programas de acesso a microcrédito, à casa própria ou ao ensino superior, bem como pelo aumento dos empregos (formais e informais), dissipou-se num presente perpétuo de trabalho redobrado, endividamento, concorrência, insegurança, cansaço nas filas, humilhação nos ônibus lotados, depressão e esgotamento mental. O preço da euforia dos governos Lula e Dilma foi, em suma, uma mobilização total para a sobrevivência, traduzida em porções maiores e mais densas de vida aplicadas ao trabalho.

Através de uma gama variada de instrumentos, esse regime gerencial serviu para adensar a malha capitalista no Brasil e aprofundar a proletarização nos vários estratos e rincões do país. Tanto as chamadas políticas públicas de inclusão, como o vertiginoso processo de "inclusão digital" que avançou sobre massas até então

---

14 Para uma análise desse projeto de contrainsurgência preventiva, ver Paulo Arantes, "Depois de junho a paz será total", *O novo tempo do mundo*, São Paulo, Boitempo, 2013.

15 A expressão é empregada por Leda Paulani em "Capitalismo financeiro, estado de emergência econômico e hegemonia às avessas" (em Francisco de Oliveira, Ruy Braga e Cibele Rizek [orgs.], *Hegemonia às avessas*, São Paulo, Boitempo, 2010).

16 Termo popularizado por uma página de mesmo nome no Facebook.

desconectadas, ou mesmo as obras de infraestrutura que abriram novas vias de circulação para o capital, cumpriram o papel de incluir populações e territórios em circuitos de exploração cada vez mais intensos e disponibilizar, assim, mais lenha para as caldeiras da acumulação flexível. Tudo isso com altos índices de aprovação!

Os acontecimentos de 2013 romperam o clima de paz produzido por toda aquela euforia. A onda de manifestações que tomou as cidades do país trouxe a guerra à tona, sinalizando uma crise daquele formato até então bem sucedido de administração dos conflitos sociais. A revogação do aumento não foi suficiente para remendar o rombo: não era mais possível dissipar toda aquela animosidade popular e reconstituir a fórmula mágica do consenso. As tentativas de restaurar a harmonia – como os "cinco pactos em favor do Brasil" que Dilma anunciou na televisão no refluxo dos protestos – foram todas em vão. A continuidade da pacificação armada dependeria, então, de um novo arranjo.

Uma vez convocados para "neutralizar as forças oponentes" que deram as caras em junho, os agentes da ordem que vinham há anos acumulando know-how no Haiti e nos morros cariocas não deixariam a cena política. Hoje está claro que não eram expedientes pontuais de repressão. Na nova estratégia de gestão que vem se desenhando diante da ameaça de caos social que bateu à porta em 2013, as táticas de guerra – junto com seus comandantes – assumem abertamente um lugar central.

Nesse rearranjo, "Jair Bolsonaro é um nome inexato", mas potente, justamente porque foi capaz de combinar essa escalada repressiva com a rebeldia social liberada em 2013. Nele, confluem duas marchas:

> A primeira, a garantia da lei e da ordem e a promessa de seguridade do império e de que qualquer batimento cardíaco contrário será violentamente suprimido. A segunda marcha opera sobre a ilusão de ruptura e o sequestro da revolta "tudo vai ser diferente como era antigamente" ou "tem que mudar isso daí".[17]

---

[17] O Aluminista, "Sequestro da revolta!", *Passa Palavra*, 14 nov. 2018.

Se os protestos espalharam uma revolta contra a ordem, a retomada da ordem também dependia da mobilização desse sentimento. Nesse processo de recuperação, não só as forças repressivas foram postas em marcha: a própria energia de contestação dos trabalhadores foi direcionada contra si mesma. As perspectivas de retomar a paz, se já soavam improváveis politicamente, encontram também entraves econômicos – com a crise, a eficiência dos mecanismos de participação e dos programas sociais se vê comprometida. É aí que a animosidade começa a soar funcional: como não há mais dinheiro, que todos se matem entre si na corrida pelas migalhas. O confronto e a revolta deixam de ser uma ameaça à ordem para tornarem-se um novo tipo de disciplina.

Quando a nova direita fez da Avenida Paulista sua passarela, entre 2015 e 2016, a socióloga Silvia Viana[18] observou que as dimensões daquela indignação com a corrupção podiam ter uma conexão com a experiência no mercado de trabalho. O que o ódio verde-amarelo via em comum, perguntava ela, em alvos tão diferentes como o corrupto, o cotista, o movimento de moradia, o assaltante, o mendigo e o bolsista? *Furam a fila*. Aproveitam-se de atalhos e proteções na luta pela sobrevivência, recorrem a vantagens competitivas que produzem uma concorrência desleal numa arena onde cada um deveria correr por si.

Num contexto de esgotamento econômico, a nova direita forneceu uma forma política ao acirramento da competição entre trabalhadores. Ao assumir sem pudores a lei do mais forte, traça um programa de ação adequado ao nível de selvageria do mundo do trabalho gestado ao longo das últimas décadas. A sobrevivência depende da resiliência e força de vontade individual, e qualquer forma de assistência é vista como "vitimismo". Não deveria espantar o apelo da proposta de liberar o porte de armas: é a chance de dar um tiro no seu concorrente – no cara que te atrasou no trânsito, que te sacaneou na firma, que roubou sua vaga na faculdade. E, para a guerra de todos contra todos, haveria candidato mais adequado que o capitão?

---

18 Fala de Silvia Viana no seminário "Alarme de Incêndio: cultura e política na época das expectativas decrescentes", *YouTube*, 20 mar. 2016.

Mas "Jair Bolsonaro é um nome inexato" justamente porque esse fenômeno não se restringe à direita: o acirramento da competição entre trabalhadores atravessa todo o espectro político, podendo assumir colorações diversas, até aparentemente opostas. Basta notar, por exemplo, como os linchamentos virtuais promovidos por grupos conservadores contra professores supostamente "comunistas" seguem uma dinâmica muito semelhante à do "escracho"[19], prática que ganhou força na onda feminista dos últimos anos. Além de destruir a reputação do denunciado, ambos costumam ter o objetivo, por vezes concretizado, de fazê-lo perder o emprego. Num ambiente social atravessado pela concorrência, as identidades se apresentam como trincheiras para o mata-mata. Por esse ângulo, podemos entender tanto a aparição de estratégias de mercado como o "afroempreendedorismo", quanto o crescimento recente de um movimento negro que abandona o princípio da autodeclaração e reivindica a criação de "comissões avaliadoras da veracidade racial" e "critérios fenotípicos" para perseguir e expulsar colegas aprovados em concursos e vestibulares.[20]

Os movimentos identitários de hoje foram em grande parte fomentados, é verdade, pelas políticas focalizadas (todo tipo de cotas, editais de cultura, secretarias especiais para minorias etc.), no entanto não são um resultado automático delas: constituem um fato novo. Seus traços punitivistas, autoritários e excludentes revelam uma tendência belicosa, que descarta a convivência tolerante e as expectativas de inclusão cultivadas pela política do consenso. Acelerando a desagregação social, o acirramento da crise estreitou as possibilidades de administração dos conflitos; ao mesmo tempo, aprofundou o confinamento da política à dimensão da urgência e do imediato. À esquerda e à direita, os

---

19 Ainda que a tática do escracho possua uma origem anterior na esquerda, remetendo às lutas de familiares de desaparecidos políticos na Argentina, foi nos meios identitários que ela ganhou nos últimos anos sua forma mais acabada. Para uma narrativa da dinâmica dessas ações, ver Dokonal, "Sobre escrachos, extrema-esquerda e suas próprias novelas: o conto que pensei em escrever", *Passa Palavra*, 20 jul. 2014.

20 Sobre isso, ver "A caça aos 'falsos cotistas': austeridade, identidade e concorrência", *Passa Palavra*, 25 ago. 2017.

novíssimos atores têm, em comum, a disposição para o confronto estéril, marcado pela desaparição dos horizontes de transformação da realidade social.

Conforme a política ganha ares de guerra aberta, as tecnologias de mediação social desenvolvidas nos últimos anos soam obsoletas. Apesar de seus esforços para se mostrar à altura das imposições dos tempos de recessão, implementando medidas de austeridade, os gestores petistas terminaram por ser alvo do próprio movimento destrutivo da crise. A onda de destruição que se abateu não apenas sobre os principais operadores do arranjo político constituído desde a redemocratização e sobre sua máquina de governo, mas também sobre algumas das maiores empresas brasileiras, precisa ser compreendida nos marcos de uma "aniquilação forçada de toda uma massa de forças produtivas"[21], movimento típico das crises capitalistas, que sempre vem acompanhado de um aprofundamento da exploração. A destruição de forças produtivas, frequentemente por meio da guerra, sempre constituiu uma saída de emergência eficiente para o capital.

3.

Do lado de cá da luta de classes, os caminhos conhecidos levaram a becos sem saída.

Nos anos de sucesso dos governos de esquerda, o crescimento econômico se combinou à integração dos movimentos populares ao regime capitalista, numa complexa engenharia de participação e pacificação que limitava com eficiência qualquer horizonte de contestação. Naquele contexto, o despontar de revoltas de jovens trabalhadores que paralisavam cidades, enfrentavam polícias e força-

---

[21] "As relações burguesas tornaram-se demasiado estreitas para abarcar a riqueza gerada por elas. – Através de que meios a burguesia supera as crises? Por um lado, pelo extermínio forçado de grande parte das forças produtivas; por outro lado, pela conquista de novos mercados e da exploração mais metódica dos antigos mercados." (Marx e Engels, *Manifesto do Partido Comunista*, 1848).

vam prefeituras de diferentes partidos a abaixarem os preços das tarifas de ônibus tinha algo de inusitado. Pipocando pelo país desde a Revolta do Buzú – que abalou Salvador já em 2003, primeiro ano da presidência de Lula –, esses levantes apontavam possíveis brechas na "monótona paralisia" do período:

> Para os pequenos grupos que se mantinham na esquerda à margem do governo, disparar o desgoverno da revolta era a possibilidade de fazer frente àquela gigantesca estrutura de gestão da luta de classes. A explosão política violenta das ruas recusa os mecanismos de participação e reage à repressão armada. (…) a revolta aparece justamente como crítica destrutiva, como negação do consenso imobilista.[22]

Somente pela *ruptura do consenso* os conflitos sociais poderiam ultrapassar os limites estreitos da rotina administrada e irromper abertamente como luta de classes. Desse ponto de vista, a possibilidade de contestação estava nos movimentos de caráter disruptivo que, ao trazerem a guerra à tona, realizavam na prática a crítica da pacificação. Além das revoltas em torno do transporte coletivo, isso aparecia nas paralisações selvagens das megaobras do PAC, front da expansão do capitalismo nacional ("greve não, terrorismo", explicou um operário de Jirau)[23]; na dissidência de sem-terras que, à revelia do MST, ocuparam o Instituto Lula[24]; na onda espontânea de ocupações urbanas que se alastraram pelas periferias de São Paulo sob

---

[22] Caio Martins e Leonardo Cordeiro, "Revolta popular: o limite da tática", *Passa Palavra*, 27 mai. 2014.

[23] O comentário é de um peão que filmava pelo celular o incêndio nos alojamentos. Os impactos da construção de Jirau, a sublevação operária e a articulação entre centrais sindicais e governo para reprimir o movimento estão retratados no documentário *Jaci: sete pecados de uma obra amazônica* (Caio Cavechini, 2015). Vale conferir, também, os informes de paralisações, mortes, torturas e prisões nos canteiros das obras do PAC na região Norte publicados ao longo dos anos pela Liga Operária, grupo sindical de influência maoísta que atua na região (disponíveis em http://ligaoperaria.org.br/1/?p=2867).

[24] A trajetória da resistência dos moradores do Assentamento Milton Santos, que durante o governo Dilma correu o risco de sofrer uma "reforma agrária ao contrário", foi extensamente noticiada pelo Passa Palavra (ver "Assentamento Milton Santos: todas as matérias no Passa Palavra", *Passa Palavra*, 19 jan. 2013.)

a prefeitura Haddad na sequência dos protestos de junho[25]; no aumento vertiginoso do índice de greves desde 2011 – atingindo, entre 2013 e 2016, o maior pico registrado até então[26] – e na rebeldia crescente desses grevistas contra seus sindicatos; e na recusa coletiva dos secundaristas às medidas de austeridade, rechaçando a mediação das entidades e tomando as escolas para forçar um recuo do governo.

À medida em que as fissuras no consenso se transformam em um rombo, porém, o sentido dessas lutas se desloca e elas perdem seu poder contestatório. Os conflitos passam a estar na ordem do dia e a revolta conforma-se como um dispositivo do novo arranjo político. *Nossa aposta na ruptura do consenso se esgotou junto com ele*, desorientando as formulações que partiam dela. Desde então, a violência social que veio à tona aponta muito mais para o caos e a concorrência do que para qualquer outra coisa. Afinal, era isso que havia sob as estruturas de pacificação: um tecido social em desagregação, sem horizontes de ação coletiva.

Inúmeras vozes reagiram ao rastro de destruição de 2013 pregando, em coro, a necessidade de retomar a *construção* "na base". Os limites da revolta se explicariam pela falta de organizações de massa estruturadas nos locais de moradia, trabalho e estudo. Ora, tais organizações existiam! E eram parte da máquina governamental contra a qual os protestos se levantavam: o partido de esquerda que estava na presidência contabilizava diretórios em

---

[25] No início de agosto de 2013, o Passa Palavra noticiava uma "primavera silenciada": só na região do Grajaú, foram "cerca de 20 terrenos espontaneamente ocupados por famílias que não têm mais condições de arcar com os custos de aluguel (…). É no mínimo curioso notar que, na sequência das agitações políticas que convencionamos a chamar de 'jornadas de junho', tenha desencadeado um processo de luta direta por parte das camadas mais pobres dos bairros de periferia e que nem mesmo os órgãos de comunicação de esquerda venham dando a devida atenção para isso." ("Ocupações do Grajaú protestam por moradia no centro de São Paulo", *Passa Palavra*, 19 ago. 2013.).

[26] Os relatórios anuais de *Balanço das greves* publicados pelo Dieese levantam um total de 2.050 greves registradas no Brasil no ano de 2013, subindo para 2.093 em 2016 (até o momento, não foram divulgados os balanços de 2014 e 2015). Mas, como apontou Leo Vinicius, uma análise do período deve levar em conta "greves e ações nos locais de trabalho por fora da ação sindical e não computadas nessas estatísticas. É provável que muitas ações autônomas de trabalhadores organizados tenham ocorrido sem que sequer tivéssemos notícia." ("Bem além do mito 'Junho de 2013'", *Passa Palavra*, 23 jul. 2018).

todos os 5570 municípios do Brasil; as duas principais centrais sindicais do país apoiavam o governo; o maior movimento de trabalhadores rurais do mundo e uma série de movimentos de moradia tornaram-se operadores de programas sociais e agenciadores de empreendimentos; uma massa ambígua de associações, ONGs, coletivos de cultura e grupos de periferia tinha sua reprodução atrelada a editais de diferentes tipos e cifras.[27] E todos alimentavam uma miríade de cadastros, bancos de dados e mapeamentos levados a cabo pelos mais variados órgãos estatais e privados – incluindo, é claro, as instituições policiais.[28]

Não se trata de um desvio: "as 'bases', agora, só podem existir como contingentes coisificados, devidamente domesticados e representados, de trabalhadores – tratadas como moeda de troca das burocracias"[29]. Percebendo essa dinâmica já nos anos 1990, um dirigente sem-terra sintetizou-a num ditado: "povo na rua, dinheiro a juros". *Ter uma base organizada* significa, efetivamente, *gerir populações*. O "trabalho de base" desses movimentos não foi abandonado, mas levado às suas últimas consequências, conformando-se como técnica gerencial:

> Sem isto a gestão se tornaria impraticável. (...) Daí as concessões materiais enquanto lastro econômico que garante a operacionalidade e ossificação dos movimentos sociais, sua conversão em braços do Estado encarregados de cadastrar a base social e gerir os parcos recursos das políticas públicas, portanto órgãos que cumprem tarefas essenciais para o sucesso da contrarrevolução permanente em seu modelo democrático-popular.[30]

---

[27] Para um retrato desse cenário, ver "Estado e movimentos sociais", *Passa Palavra*, 5 fev. 2012.
[28] Caso emblemático é o do GEO-PR (Sistema Georreferenciado de Monitoramento e Apoio à Decisão da Presidência da República), criado pelo Governo Lula em 2005 sob o pretexto de proteger comunidades quilombolas, terras indígenas e assentamentos rurais. "Abastecido com dados sobre movimentos sociais, tais como 'manifestações', 'greves', 'mobilizações', 'questões fundiárias', 'questões indígenas', 'atuação de ONG' e 'quilombolas'" ao longo de mais de uma década, deu corpo a "uma poderosa ferramenta de vigilância de movimentos sociais, a maior conhecida até o momento" (Lucas Figueiredo, "O grande irmão: Abin tem megabanco de dados sobre movimentos sociais", *The Intercept*, 5 dez. 2016).
[29] Trecho do artigo "Revolta popular: o limite da tática", cit.
[30] Pablo Polese, "A esquerda mal educada", *Passa Palavra*, 26 jul. 2016.

Desse ponto de vista, o clamor da esquerda pela "organização nas quebradas" no pós-junho tinha ares de uma tentativa farsesca de reencenar a história, como se fosse possível recuperar uma suposta pureza perdida daquela organização comunitária de fundo de igreja das décadas de 1970 e 80. Por outro lado, servia como um jeito de fugir do problema colocado pelas ruas de 2013: anônima e explosiva, aquela revolta era expressão de um proletariado urbano cuja força de trabalho se formou enquadrada pelas mais diversas políticas públicas, conectado às tecnologias da informação, empregado em regimes precários e altamente móvel (nesse sentido, a centralidade do transporte entre suas reivindicações não é casual).

Hoje, contudo, a própria revolta parece combinar-se com a ordem. Quando um movimento descentralizado de caminhoneiros travou a economia do Brasil em meados de 2018, com bloqueios nas rodovias de norte a sul, os interesses e a organização dos trabalhadores apareceram misturados aos de setores do empresariado. A mesma rebelião que pôs o país à beira do colapso vislumbrava como horizonte um reforço da ordem, clamando por "intervenção militar". A paralisação dos caminhoneiros conquistou amplo apoio da população, influenciando setores de trabalhadores urbanos (de motoboys a professores)[31], e selou o caixão do "grande acordo nacional"[32] ensaiado pelo governo Temer – tentativa, já rebaixada, de garantir a sobrevivência do velho arranjo político em torno de um programa de austeridade.

Finalmente, a vitória de Bolsonaro amarra a linha de continuidade que liga 2013 a 2018: a conformação da revolta à ordem. E, diante disso,

---

[31] Sobre a repercussão da paralisação dos caminhoneiros entre trabalhadores de aplicativo, motoboys, motoristas de vans escolares e outras categorias urbanas, ver Gabriel Silva, "A greve dos caminhoneiros e a constante pasmaceira da extrema esquerda", *Passa Palavra*, 28 mai. 2018.

[32] "O Michel forma um governo de união nacional, faz um grande acordo, protege o Lula, protege todo mundo. Esse país volta à calma, ninguém aguenta mais", dizia Sérgio Machado, ex-presidente da Transpetro, em sua célebre conversa com o Ministro do Planejamento do governo Dilma, Romero Jucá, pouco antes da votação do impeachment (gravado e vazado à imprensa em maio de 2016, o diálogo está transcrito em Rubens Valente, "Em diálogos gravados, Jucá fala em pacto para deter avanço da Lava Jato", *Folha de S. Paulo*, 23 mai. 2016).

> o que a maior parte da esquerda tem feito é criar frentes antifascistas e frentes amplas e democráticas em vários locais e com diferentes formas, para justamente afirmar os valores da esquerda, contra o crescimento dos valores da extrema-direita – o vermelho e preto e o colorido contra o verde e amarelo da bandeira nacional, a Democracia contra a Ditadura. (…) essas posições se mantêm no campo abstrato e discursivo: o que significa combater o fascismo hoje na ponta do fuzil? Quem são os fascistas, nossos colegas de trabalho que votaram no Bolsonaro?[33]

O novo cenário encurrala as possibilidades de formular um ponto de vista crítico. De um lado, renova-se um clamor pela reabilitação do caduco arranjo democrático de pacificação, cujas forças mostram-se cada vez menos produtivas – um apelo por isso mesmo impotente, que tende a encerrar-se na defesa de símbolos. Por outro lado, a mera insistência na revolta perde poder de contestação, afinal é o próprio regime que agora assume abertamente a violência social. Emparedada entre estas duas formas de defesa da ordem, por onde caminha a luta de classes?

---

[33] Um outro João, "Breve comentário sobre as frentes democráticas e antifascistas contra Bolsonaro", *Passa Palavra*, 1 dez. 2018.

Masterclass de fim do mundo
conflitos sociais no Brasil em pandemia

março de 2022*

---

* Publicado originalmente por um grupo de militantes na neblina em *neblina.xyz*, mar. 2022. Nesta edição, os links de acesso às referências foram retirados das notas de rodapé. As citações completas encontram-se na versão online, disponível em https://neblina.xyz/.

"O Brasil não é um terreno aberto onde nós pretendemos construir coisas para o nosso povo. Nós temos é que desconstruir muita coisa. Desfazer muita coisa. Para depois nós começarmos a fazer. Que eu sirva para que, pelo menos, eu possa ser um ponto de inflexão." Com estas palavras, Jair Bolsonaro abriu o jantar oferecido pela embaixada brasileira durante sua primeira visita a Washington em março de 2019.[1]

Exatamente um ano depois, era confirmada a primeira morte por covid-19 no Brasil. O panorama apocalíptico anunciado pelas notícias da pandemia no estrangeiro ainda contrastava, por aqui, com a continuidade inalterada da rotina. A indefinição do cenário criava uma atmosfera de apreensão, maior a cada dia. A aglomeração obrigatória em locais de trabalho fechados como fábricas, *shoppings* e escritórios, assim como em ônibus e vagões invariavelmente lotados, fornecia a imagem angustiante da disseminação de uma doença ainda desconhecida. Foi numa empresa de *telemarketing* da Bahia que a tensão transbordou primeiro: os operadores abandonaram seus postos e saíram à rua exigindo medidas de quarentena. Em poucas horas, a cena se replicava em *call centers* de Teresina, Curitiba, Goiânia e outras cidades do país. Os vídeos das paralisações, que viralizaram em grupos de operadores no WhatsApp e no Facebook, indicavam uma solução bastante concreta para aquela situação desesperadora: literalmente, sair![2]

---

[1] Eduardo Bolsonaro, "Fala de JB abrindo o jantar na embaixada do Brasil nos EUA (17/MAR/2019)", *YouTube*, 18 mar. 2019.
[2] "Para não morrer, operadores paralisam *call centers* em todo Brasil exigindo quarentena", *Passa Palavra*, 19 mar. 2020. Os protestos não deixam de ser um epílogo inusitado às reflexões de alguns militantes que, poucos anos antes, se defrontaram com as dificuldades de organização em um setor tão rotativo (Um grupo de militantes, "Disk Revolta: questões sobre uma tentativa recente de organização em *call centers*", *Passa Palavra*, 30 mai. 2019). No momento em que centrais

O coronavírus deu ares premonitórios aos termos da carta anônima – mais exatamente um "último grito de socorro" – que funcionários de uma rede de livrarias haviam divulgado em fevereiro de 2020, após uma sessão avassaladora de assédio moral. É sintomático que, antes mesmo da pandemia, eles descrevessem a experiência no interior da empresa como uma "*masterclass* de fim do mundo". Mas "o grande problema do fim do mundo", concluíam, "é que alguém vai ter que ficar depois pra varrer".[3] De fato, quando nos vimos diante de uma calamidade biológica, poucas semanas depois, os "empregos de merda" continuaram fazendo reféns[4] para manter os negócios em dia.

A comparação das centrais de *telemarketing* com senzalas e prisões, tão comum no repertório de piadas dos operadores, encontrava agora uma confirmação brutal. Para muitos deles, a fuga do trabalho[5] apareceria como último recurso para não morrer no posto de atendimento. A despeito do decreto presidencial que incluiu o setor entre os serviços essenciais logo após as paralisações, o que se viu nas semanas seguintes foi um esvaziamento dos *call centers*. Enquanto muitos trabalhadores passaram a apresentar atestados (reais ou fraudados), faltar sem justificativa ou pedir as contas, as em-

---

de *telemarketing* foram atravessadas por uma onda de paralisações sem precedentes, é significativo que a perspectiva da mobilização fosse simplesmente escapar daquele inferno.

3 Trabalhadores da Livraria Cultura, "'Nosso último grito de socorro': trabalhadores voltam a denunciar a Livraria Cultura", *Passa Palavra*, 19 fev. 2020.

4 "Somos refém", dizia um cartaz erguido por operadores na janela de uma empresa de *telemarketing* no centro de São Paulo no dia da "greve geral" convocada pelas centrais sindicais contra as reformas trabalhista e da previdência em 2017 (Disk Revolta, "Pedido de socorro e apoio à greve na Uranet", *Facebook*, 28 abr. 2017).

5 Também aqui a batalha subterrânea na livraria revelava uma tendência. "Para qualquer sindicalista, o objetivo final traçado pelos trabalhadores da Livraria Cultura soará muito estranho: querem ser demitidos sem justa causa. Apesar dessa reivindicação só fazer sentido nos marcos da CLT (afinal, o objetivo é ganhar a rescisão), olhando em perspectiva histórica este tipo de luta já indica um adeus às promessas celetistas, pois não há mais o horizonte jurídico, político, econômico e social que ela um dia apresentou (carreira, estabilidade, direitos etc). 'Ser demitido era visto como uma vitória', escreveu um ex-funcionário em um comentário." ("Por que as denúncias contra a Livraria Cultura viralizaram?", *Passa Palavra*, 27 abr. 2019).

presas responderam com soluções precárias de trabalho remoto, férias coletivas e demissões.[6] A pressão dos protestos se diluiu na desagregação que já era tendência no ramo e foi acelerada pelo vírus.[7]

Tão rapidamente quanto a pandemia erodia as condições de trabalho nas mais diferentes áreas, a vida se conformava ao "novo normal". Assim assistimos operários retornarem do *lay-off* para se expor à infecção, mas agradecidos por ainda terem emprego num cenário de fechamento de fábricas; professores que contestavam o ensino à distância engajarem-se de maneira proativa na nova rotina; e boa parte dos remanescentes da avalanche de demissões no setor de serviços submeter-se ao programa de redução de jornada e salário, feito sob encomenda pelo governo federal (embora, na prática, a jornada na empresa não se alterasse). E se greves de motoristas e cobradores de ônibus fizeram-se mais recorrentes ao redor do país a cada mês de 2020, é porque esta foi a única forma que restou para garantir o salário num contexto de redução do número de passageiros e crise no setor.[8]

O poder destrutivo do coronavírus combinou-se, por aqui, com a onda de devastação que já estava em curso. Saída de emergência acionada pelo capital em resposta à revolta so-

---

[6] Um caso de pressão coletiva pelo *home office* foi registrado em Invisíveis de Goiânia, "Atento: resistindo à chamada da morte", Passa Palavra, 17 abr. 2020.

[7] "Conhecida por ser porta de entrada de milhares de jovens no mercado de trabalho", a profissão de operador de *call center* vinha enfrentando, "nos últimos anos, (...) uma reformulação do mercado [de *telemarketing*], com corte de vagas e um investimento em autoatendimento", explica o diretor do sindicato patronal do setor. As medidas de isolamento social parecem ter contribuído, contudo, para que "pela primeira vez em cinco anos" mais operadores fossem contratados do que demitidos nos doze meses encerrados em fevereiro de 2021, num movimento que uma parcela dos especialistas vê como temporário. De qualquer forma, a automatização e a dispersão da força de trabalho parecem ser tendências complementares na reestruturação da área, que estuda manter parte da mão de obra em *home office* depois da pandemia – e já desenvolve novos mecanismos de vigilância para tal, assim como fazem diversos outros setores (Angelo Verotti, "Ao novo normal", *IstoÉ Dinheiro*, 14 jul. 2020; Douglas Gavras, "*Telemarketing* reabre vagas com mudança de comportamento do consumidor pós-Covid", *Folha de S. Paulo*, 8 mai. 2021; "Funcionários de *call center* em home office serão vigiados", *Poder 360*, 28 mar. 2021).

[8] Algumas dessas paralisações estão registradas no vídeo do canal Treta no Trampo, "2020 - Greve dos rodoviários!" (*Instagram*, 1 fev. 2021), e mencionadas em Thiago Amâncio, "Crise no transporte público na pandemia provoca greves em série por todo o país" (*Folha de S. Paulo*, 21 mai. 2021).

cial deflagrada em 2013, esse "movimento de destruição de forças produtivas" encontrou nas eleições de 2018 uma personificação na figura incendiária de um capitão reformado.[9] Na impossibilidade de gerir a crise, é a crise que se torna método de gestão. Onde se poderia ver um governo ineficiente, nosso autoproclamado agente da desconstrução revela uma eficiência negativa: o caos já constitui um método[10] e "não governar é uma forma de governo"[11]. Ao criar sistematicamente entraves às recomendações científicas para o controle da pandemia, Bolsonaro nunca foi propriamente "negacionista"; pelo contrário, "é antes um vetor do próprio vírus, a identificação dele com o vírus é integral"[12]. "Sou capitão do Exército, a minha especialidade é matar, não é curar ninguém", bradava ele ainda em 2017.[13]

Em agosto de 2020, quando o Brasil ainda se aproximava da cifra de cem mil mortes registradas por covid-19, pesquisas alertavam para outro índice preocupante, ao revelar que menos da metade da população em idade para trabalhar estava trabalhando.[14] Se a queda da taxa de ocupação aos patamares mais baixos da história recente poderia ser vista como uma aceleração da eliminação de trabalhadores descartá-

---

[9] "Conforme a política ganha ares de guerra aberta", sugeríamos em outra ocasião, "as tecnologias de mediação social desenvolvidas nos últimos anos soam obsoletas. (...) A onda de destruição que se abateu não apenas sobre os principais operadores do arranjo político constituído desde a redemocratização e sobre sua máquina de governo, mas também sobre algumas das maiores empresas brasileiras, precisa ser compreendida nos marcos de uma 'aniquilação forçada de toda uma massa de forças produtivas', movimento típico das crises capitalistas, que sempre vem acompanhado de um aprofundamento da exploração. A destruição de forças produtivas, frequentemente por meio da guerra, sempre constituiu uma saída de emergência eficiente para o capital." (p. 15 desta edição).

[10] Marcos Nobre, "O caos como método", *Piauí*, abr. 2019.

[11] Gabriela Lotta, "O que acontece quando a falta de decisão é o método de governo", *Nexo*, 27 jan. 2020.

[12] "O discurso de Bolsonaro não é um negacionismo da letalidade do vírus, ou se o é em um nível superficial", notava um espectador dos primeiros pronunciamentos oficiais durante a pandemia: "transubstanciado num complexo humano-vírus, (...) Jair Bolsonaro se aproxima de sua forma final, um anjo da morte, um emissário da morte em massa – que melhor expressão haveria para o capital suicida?" (Felipe Kouznets, "anjinhos", *helétricuzinho*, 25 mar. 2020).

[13] "Bolsonaro diz que, no Exército, sua 'especialidade é matar'", *Folha de S. Paulo*, 30 jun. 2017.

[14] Instituto Brasileiro de Geografia e Estatística (IBGE), *Pesquisa Nacional por Amostra de Domicílios Contínua – Mercado de Trabalho Conjuntural*, ago. 2020.

veis, sob outros olhos, porém, o mesmo quadro devastador estava produzindo algo novo… "Já enxergávamos no Brasil um *cenário promissor* para essa nova forma de trabalhar e a pandemia fez com que mais pessoas buscassem outras maneiras de exercer suas atividades e gerar renda", explicava a vice-presidente de expansão internacional de um aplicativo usado por empresas para contratar *freelancers* em 160 países, que agora chegava ao Brasil.[15] Depois do apocalipse, o Uber?

O Brasil tá *on* [16]

"Queremos trabalhar!", reivindicavam dezenas de marreteiros que em fevereiro de 2020 invadiram os trilhos da Estação da Luz, no centro de São Paulo, em protesto contra a operação da nova empresa de segurança terceirizada para reprimir o comércio ambulante nos trens – atividade que, pelas normas da ferrovia, é irregular.[17] Dali a algumas semanas, com a chegada do novo vírus, a mesma palavra de ordem voltaria a ecoar em meio às buzinas das carreatas convocadas por bolsonaristas para exigir a reabertura do comércio. Ao se contrapor às políticas de isolamento implementadas por prefeitos e governadores, Bolsonaro não só atendia aos anseios dos pequenos patrões, como também jogava com a situação de "quem depende da correria diária atrás de bicos para sobreviver e não tem outra perspectiva senão a miséria diante da pandemia".[18]

Se a perspectiva de luta apontada nos *call centers* não se generalizou, é porque a reivindicação da quarentena não assumiria facil-

---

15 Entre os novos usuários da plataforma, 35% relacionaram a busca por trabalho ao isolamento social (Beatriz Montesanti, "Startup israelense de trabalho freelancer chega ao Brasil", *Folha de S. Paulo*, 10 nov. 2020).

16 Popularizada pelo atacante Neymar Jr., a expressão "o pai tá *on*" se tornou um *meme* na internet. Estar *online* significa também, neste caso, estar "ligado", disponível, pronto para tudo, em contextos que vão da paquera até o trabalho, passando por todo o campo ambíguo das redes sociais.

17 Clara Assunção, "No país da informalidade, ambulantes na CPTM protestam pela sobrevivência: 'Queremos trabalhar'", *Rede Brasil Atual*, 6 fev. 2020.

18 Um grupo de militantes, "Entre o isolamento e a correria, trabalhadores em disputa na pandemia", *Passa Palavra*, 11 abr. 2020.

mente ares de greve ali onde o trabalho já escapou, há muito, dos limites físicos da empresa. Entre as profissões mais qualificadas, não demoraria para que a rápida transição ao *home office* transformasse o "fique em casa" em uma deixa para trabalhar dobrado. Por outro lado, conforme as ruas se esvaziavam, o mesmo *slogan* passava a soar como uma ameaça de prejuízo e fome àqueles cujo sustento depende do movimento diário da cidade: camelôs, manicures, garçons, flanelinhas, motoristas etc.

As medidas de contenção do coronavírus lançaram ao centro do debate a condição do trabalho sem forma definida, *informal*, imbróglio político recorrente, mas fundamental na composição da economia capitalista no Brasil. Bicos, gambiarras, mutirões e trambiques de todo tipo compensaram, ao longo da nossa história, a precariedade dos serviços urbanos e da infraestrutura necessária para a acumulação de capital. Os "jeitinhos" improvisados pelos de baixo para se virar nas margens da cidade, da formalidade e da legalidade foram o combustível do "milagre" da industrialização e da urbanização por aqui. Decifrada pela sociologia brasileira na década de 1970,[19] essa

---

[19] Em seus escritos da década de 1970, Chico de Oliveira enxergou o processo de modernização do país como um "ovo de Colombo": tal qual o velho truque de quebrar a casca do ovo para colocá-lo em pé, o que colocou e manteve o capitalismo brasileiro de pé foi essa "estranha economia de subsistência", aparentemente atrasada, das periferias urbanas e do campo. A indústria de bens de consumo, mostrou o sociólogo, tinha sua contraparte no comércio ambulante, enquanto o crescimento da produção automobilística era acompanhado pela proliferação de lava-rápidos braçais e oficinas mecânicas de esquina. À medida que compensava a falta de uma acumulação capitalista prévia suficiente, tal simbiose conferiu um lugar absolutamente central ao "trabalho informal" no processo de industrialização e urbanização do país. Da mesma forma, a própria carteira de trabalho esteve desde sua gênese atrelada à informalidade: nos dias de folga da fábrica, o operário celetista continuava trabalhando – por conta própria e sem remuneração – para erguer sua moradia em loteamentos irregulares, numa prática que deu origem a boa parte das periferias das grandes cidades brasileiras e que terminava rebaixando os salários, cuja soma não precisava levar em conta o gasto com aluguel. Na autoprodução dos trabalhadores por meio de soluções desgastantes e improvisadas, um colossal montante de sobretrabalho sem forma definida ficava invisibilizado à sombra do mundo do trabalho oficial. Chico de Oliveira relacionava esta dimensão invisibilizada da exploração à desconfiança dos trabalhadores quanto aos governos populistas antes do golpe de 1964, derrubados de um dia para o outro sem grande resistência popular. Não por acaso, foi precisamente a partir das periferias urbanas, onde se concentrava esse trabalho informe, que novos personagens entraram em cena nos anos finais da ditadura militar. Da invasão de terras à reivindicação de estruturas coletivas para os bairros (como esgo-

fórmula mágica alimentava a esperança de um desenvolvimento nacional em direção a uma sociedade salarial estável; modelo que, na mesma época, já dava sinais de esgotamento no coração do sistema. De lá pra cá, foi o resto do mundo que se aproximou da flexibilidade do trabalho à brasileira[20] – e ela já não aponta para futuro algum. Também no centro do capitalismo se dissolvem as "formas socialmente estáveis, contratualizadas, reconhecíveis" do trabalho, que definem o que é e "o que não é tempo de trabalho, o que é local de trabalho, remuneração, custos do trabalho".[21]

Mesmo em seu auge, durante os governos petistas, o trabalho formal não alcançaria muito mais da metade da população ocupada no Brasil, numa expansão baseada em vagas de baixa remuneração que – à revelia da ladainha neodesenvolvimentista de plantão – expressava menos uma tendência à universalização do emprego de carteira assinada do que sua redução a uma dentre outras estratégias de "viração"[22]. Ao afirmar que a le-

---

to, luz, asfalto, ônibus, creche, posto de saúde, escola etc.), as lutas nas margens das metrópoles tiveram um lugar central no movimento de recomposição política do proletariado brasileiro do final dos anos 1970. Ao mesmo tempo em que representava um sobretrabalho funcional à acumulação capitalista, a autoconstrução da cidade revelou-se, por isso mesmo, uma zona explosiva de conflitos. Nesse processo ambivalente, em que autoatividade proletária era simultaneamente trabalho não pago e luta de classes, fica visível o que o brasilianista James Holston chamou de uma "cidadania insurgente", na qual o enfrentamento torna-se uma via de integração à ordem. (Ver Francisco de Oliveira, *Crítica à razão dualista / O ornitorrinco*, São Paulo, Boitempo, 2003 e, do mesmo autor, "Acumulação monopolista, Estado e urbanização: a nova qualidade do conflito de classes", em José Álvaro Moisés e outros, *Contradições urbanas e movimentos sociais*, São Paulo, CEDEC / Paz e Terra, 1977; a referência final é a James Holston, *Cidadania insurgente*, São Paulo, Cia. das Letras, 2013).

20 Ver Paulo Arantes, "A fratura brasileira do mundo", *Zero à esquerda*, São Paulo, Conrad, 2004. Para uma retomada recente desta discussão, no contexto do fracasso do combate à pandemia no coração ocidental do capitalismo, ver Alex Hochuli, "The Brazilianization of the World", *American Affairs*, v. 5, n. 2, 2021.

21 Ludmila Costhek Abílio, "O futuro do trabalho é aqui", *Revista Rosa*, v. 4, n. 1, ago. 2021.

22 Essa expressão popular, emprestada por alguns sociólogos nos últimos anos, define bem o trânsito "entre uma série de atividades contingentes, marcadas pela instabilidade e pela inconstância, assim como entre expedientes legais e ilegais", que marca a trajetória de parte significativa da força de trabalho brasileira: "percursos sempre descontínuos, sempre instáveis, no mercado de trabalho" que "tornam inoperantes as diferenças entre o formal e o informal" (Carlos Freire da Silva, "Viração: o comércio informal dos vendedores ambulantes" em V. Telles e outros, *Saídas de emergência*, São Paulo, Boitempo, 2011 e Vera da Silva Telles, "Mutações do trabalho e experiên-

gislação trabalhista "tem que se aproximar da informalidade",[23] Bolsonaro finalmente ajusta o parâmetro e reconhece o desregulado como regra.

Seria apenas com a calamidade econômica provocada pelo coronavírus que o trabalho informal receberia, pela primeira vez na história do país, uma definição legal – e foi a mais ampla possível, delimitada na negativa: informal é qualquer trabalhador sem carteira assinada, "seja empregado, autônomo ou desempregado".[24] Durante o breve período de tramitação da lei que instituiu o "auxílio emergencial", era difícil antecipar com precisão a real abrangência daquele critério. Sancionado no início de abril de 2020, o benefício alcançaria quase 68 milhões de pessoas – cerca de 32% da população brasileira –, das quais 38 milhões estavam até então fora do raio de alcance dos programas de transferência de renda. A devastação abria subitamente uma oportunidade histórica de "inclusão":

> Chamados pelo presidente da Caixa Econômica Federal de "invisíveis", grande parte dessas pessoas não tinha um ou mais meios para acessar a específica visibilidade social determinada pelo Estado: CPF ativo, celular (com internet) e conta bancária. Essas pessoas não são aquelas já cadastradas no Bolsa Família (...), que chegou aos rincões do país tornando visíveis ao governo cerca de 30 milhões de pessoas. Dessas já se sabia da existência. Invisível, por incrível que pareça, estava parcela significativa da população cujo metabolismo social estava estruturalmente ligado ao metabolismo urbano. É a tal parcela que sobrevive da "viração", não dos benefícios públicos (...). São pressupostos na sua consequência, mas invisíveis na sua existência. Quando a cidade para, essa

---

cia urbana", *Tempo Social*, v. 18, n. 1, 2006). Esse "'viver por um fio' das periferias brasileiras significa um constante agarrar-se às oportunidades, que em termos técnicos se traduz na alta rotatividade do mercado de trabalho brasileiro, no trânsito permanente entre trabalho formal e informal (...), na combinação de bicos, programas sociais, atividades ilícitas e empregos" (Ludmila Abilio, "Uberização do trabalho: subsunção real da viração", *Passa Palavra*, 19 fev. 2017).

[23] "Lei trabalhista tem que se aproximar da informalidade, diz Bolsonaro", *Folha de S. Paulo*, 12 dez. 2018.

[24] Pedro Fernando Nery, "Desigualdade em V", *Estado da Arte*, 11 nov. 2020.

parcela reivindica visibilidade estatal por meio da inscrição no Cadastro Único. A pandemia a revela, mas também a submete, pois define as regras para a sua visibilidade.[25]

É claro que todo esse contingente invisível já estava incluído até o pescoço – isto é, as consequências de seu trabalho sem forma são pressupostas pelo funcionamento da economia como um todo –, mas agora pode ser submetido a mecanismos que permitem um controle mais completo sobre sua existência. Conta no banco, *smartphone* com internet e cadastro em um aplicativo: que os meios para receber o auxílio emergencial sejam os mesmos para criar uma conta na Uber, é sinal de que estamos diante de peças fundamentais dessa "nova forma de trabalhar". Anos atrás, já era possível identificar no Bolsa Família, cujas dimensões ficaram pequenas diante do benefício de 2020, o objetivo de conformar uma força de trabalho unificada e mais profundamente submetida às relações capitalistas.[26] A bancarização promovida pelo programa contribuiu para ampliar o alcance dos sistemas de microcrédito, num processo de financeirização da informalidade – que se aprofundou, nos últimos anos, com a disseminação das maquininhas de cartão e pagamentos digitais cada vez mais ágeis e fáceis, como o Pix.[27] Com o auxílio emergencial, o fenômeno atinge uma intensidade inédita: a Caixa Econômica Federal absorveu 30 milhões de clientes em dez dias, no que representou possivelmente o mais veloz movimento de bancarização da história mundial, fechando 2020 com lucro recorde.[28]

---

25 Isadora Andrade Guerreiro, "O vírus, a invisibilidade e a submissão dos vivos ao não-vivo", *Passa Palavra*, 11 mai. 2020.
26 João Bernardo, "Programa Bolsa Família: resultados e objectivos", *Passa Palavra*, 10 abr. 2010.
27 Vetores do mesmo processo, a nova Lei de Regularização Fundiária Rural e Urbana e o Programa Casa Verde e Amarela apontam para a transformação da moradia autoconstruída em ativo financeiro, numa espécie de financeirização da viração, que constitui o lastro real desses títulos – seja enquanto trabalho morto cristalizado nas casas regularizadas e utilizadas como garantia de hipotecas e outras transações, seja enquanto trabalho vivo que paga essas dívidas. (Isadora Guerreiro, "Casa Verde e Amarela, securitização e saídas da crise: no milagre da multiplicação, o direito ao endividamento", *Passa Palavra*, 31 ago. 2020).
28 "Não temos notícia de nenhum país que em dez dias colocou até 30 milhões de pessoas com

O acesso ao crédito é fundamental para a emergência de uma força de trabalho precarizada para a qual se transferem custos e riscos do capital, enquanto as taxas de juro cobram um novo nível de produtividade à velha viração, diretamente conectada ao mercado financeiro global. O centro dessas políticas de renda estaria, assim, menos na ampliação da capacidade de consumo dos beneficiários (como no modelo distributivo keynesiano), e mais na ampliação da sua capacidade de investimento, financiando a aquisição dos instrumentos de trabalho e "autovalorizando" seu "capital humano".[29] É o que afirmam abertamente entusiastas desse tipo de programa: "o colchão financeiro que a renda básica fornece pode representar a estabilidade suficiente para que as pessoas possam gastar suas próprias economias ou outro capital na abertura de um negócio".[30] Como se lê numa reportagem que entrevistou moradores de algumas capitais do Nordeste, "em muitos casos o dinheiro [do auxílio] serviu como capital de giro para negócios informais": terminar de construir um puxadinho para alugar, refazer estoques para o comércio ambulante, abrir uma pequena loja ou comprar "uma bicicleta usada do vizinho para fazer entregas por meio de aplicativos".[31] Ora, nos grandes centros urbanos, o benefício não co-

---

contas em banco de graça", afirmava Paulo Guedes no início de abril de 2020 (Mariana Ribeiro e outros, "Auxílio emergencial colocará 30 milhões de pessoas em contas bancárias digitais", *Valor Investe*, 7 abr. 2020).

29 "O objectivo é liquidar as modalidades arcaicas de crédito e de seguros, substituindo-as pelos seus equivalentes capitalistas. É curioso considerar que, se este objectivo for cumprido, estaremos numa situação oposta à do modelo keynesiano de distribuição de rendimentos, porque se conta aqui não com a capacidade de consumo dos beneficiários, mas com a sua capacidade de poupança para investimento. Desta forma, os que não encontrarem emprego como assalariados sobreviverão como microempresários, contribuindo-se assim, por um lado e pelo outro, para a modernização do capitalismo brasileiro" (João Bernardo, "Programa Bolsa Família: resultados e objectivos", cit.). O processo de organização desta economia a um só tempo informal e absolutamente moderna é justamente o que vem se chamando de "uberização", com a ressalva de que não se trata nem de retrocesso nem de modernização, mas certamente de um aumento na temperatura das caldeiras do inferno que é o mundo do trabalho contemporâneo.

30 Michael Grothaus, "How Universal Basic Income Could Rescue The Freelance Economy", *Fast Company*, 1 dez. 2017.

31 João Pedro Pitombo e João Valadares, "Auxílio emergencial irriga negócio informal e banca puxadinho em casas no Nordeste", *Folha de S. Paulo*, 7 ago. 2020.

bre o custo de vida de muitas famílias, que precisam se virar para manter outras fontes de renda. "O dinheiro iria embora só no aluguel. Teriam outras contas e a comida", explica um desempregado forçado a dormir na rua.[32] Antes mesmo de cogitar voltar a alugar um cômodo, ao receber as primeiras parcelas do auxílio, outro entrevistado conta que comprou um celular. Quando não foi investido em meios de produção, o dinheiro se converteu em meios de reprodução: pagou reformas em casa e eletrodomésticos. Bem no meio destes dois campos, o celular.[33]

Ao concentrar funções de lazer, trabalho, socialização e controle em um mesmo aparelho, os *smartphones* materializam a indistinção contemporânea entre tempo livre e tempo de trabalho. Aplicativos que conectam uma multidão de pessoas a um mesmo servidor tornaram possível que o capital incorporasse e organizasse diretamente, por meio de algoritmos que processam milhões de dados em tempo real, aquele trabalho sem forma que é constitutivo da economia brasileira. A famigerada "uberização" do trabalho significa, em terras tupiniquins, uma espécie de "subsunção real da viração".[34]

---

[32] Toni Pires e Heloísa Mendonça, "Mesmo com auxílio emergencial, crise empurra desempregados para viver na rua", *El País*, 1 set. 2020 e Beatriz Jucá e Heloísa Mendonça, "O auxílio que revoluciona a vida no Ceará não salva da rua em São Paulo", *El País*, 31 ago. 2020.

[33] Talvez seja um bom exemplo de "consumo produtivo", da forma como Ludmila Abílio retoma o termo de Marx e o ressignifica, associando-o ao embaralhamento de trabalho e consumo no capitalismo contemporâneo (ver *Sem maquiagem: o trabalho de um milhão de revendedora de cosméticos*, São Paulo, Boitempo, 2014).

[34] A tese é de Ludmila Abílio ("Uberização do trabalho: subsunção real da viração", cit.). Na obra de Marx, a subsunção real do trabalho ao capital marca o momento em que, na indústria, a maquinaria forma um sistema integrado que já não é mais controlado pelos trabalhadores, mas dita o ritmo do seu trabalho e confere unidade às tarefas que eles realizam separadamente. O trabalho morto passa a organizar integralmente o processo de produção e a submeter a si o trabalho vivo, num processo de espoliação que consolida a separação entre os trabalhadores e os meios de produção e constitui a força de trabalho enquanto tal. Se, anos atrás, Chico de Oliveira apontava para algo que se poderia chamar de "subsunção formal" da viração ao capital, as tecnologias que permitem realizar o controle deste trabalho na sua própria dispersão representam um passo novo. Por meio de ganhos de escala, racionalização e centralização, o "gerenciamento algorítmico" da viração alça sua produtividade a alturas desconhecidas. Desse ponto de vista, o reconhecimento deste trabalho sem forma no centro da nossa modernização truncada impõe um limite à categorização da "uberização" como um processo estrito de flexibilização das relações trabalhistas. Em certo sentido, o que as empresas-aplicativo fizeram por aqui foi acelerar a

Ao longo da pandemia, o número de brasileiros que recorrem aos *apps* como meio para trabalhar cresceu, chegando à marca de um em cada cinco trabalhadores.[35] E não custa lembrar que o primeiro passo para obter a renda emergencial também era baixar um aplicativo e responder a um questionário. O programa acelerou o processo de digitalização dessa multidão invisível: "quem não tinha celular teve que arrumar um, pegar emprestado ou de favor" e "quem não sabia usar teve que aprender" ou procurar ajuda.[36] Mesmo assim, a enxurrada de problemas no cadastro *online* durante a primeira semana desembocou nas agências físicas da Caixa, provocando filas que se estendiam por quarteirões. Além de sobrecarregar os funcionários, a aglomeração em frente aos bancos no início da pandemia dava feições concretas ao dilema tétrico entre infectar-se com o vírus ou passar fome. Por alguns dias, aquela demora desesperadora se transformou em revolta: em cidades de todo país, a população protestou, depredou agências e obstruiu avenidas.[37]

Enquanto os gestores da Caixa reorganizavam o cronograma de atendimento presencial para evitar o caos, grupos de WhatsApp e Facebook formavam-se em torno do benefício. Com centenas de milhares de membros, esses fóruns auto-organizados supriram a precariedade do atendimento bancário: os participantes relatavam seus problemas, trocavam experiências, resolviam dúvidas etc. O único ator político a tentar surfar nesse imenso engajamento invisível foi um incógnito parlamentar oriundo da mesma avalanche que Bolsonaro, eleito a partir dos vídeos em formato *selfie* que gravara nos bloqueios de estradas durante a greve dos caminhoneiros de 2018. No momento em que passou a acompanhar diariamente os trâmites do auxílio pelo seu perfil do Facebook, o deputado federal mineiro André

---

criação de conexões cada vez mais diretas e racionalizadas entre aquela atividade disforme e os circuitos da acumulação.

[35] Luciana Cavalcante, "Do WhatsApp ao Uber: 1 em cada 5 trabalhadores usa apps para ter renda", *UOL*, 12 mai. 2021.
[36] Victor Hugo Viegas, "O movimento do auxílio emergencial", *A Comuna*, 14 out. 2020.
[37] Treta no Trampo, "Tretas na pandemia: Filas do banco", *Instagram*, 6 mai. 2020.

Janones alçou vôo do baixo clero, transmitindo as *lives* mais assistidas da história da internet em todo o hemisfério ocidental.[38]

Por outro lado, o início do pagamento dos 600 reais mensais durante a primeira onda da pandemia parece ter contribuído para retardar a convergência entre trabalhadores informais e empresários almejada pela crítica bolsonarista ao isolamento social. Naquele momento, as manifestações anti-*lockdown* limitaram-se ao núcleo militante da extrema-direita e à chantagem de pequenos e médios patrões, que tentavam coagir seus funcionários a protestar, sob a ameaça de demissão em caso de falência.[39] Ao mesmo tempo, o fluxo de dinheiro proporcionado pelo auxílio emergencial nas famílias e bairros populares forneceu alguma retaguarda àqueles que, em meio ao caos da pandemia e apesar do aumento do desemprego, se recusavam a trabalhar naquelas condições. Depois de se manifestar nos calabouços dos *call centers,* a insubordinação não tardaria a dar as caras do lado de fora, nas ruas, cada vez mais abarrotadas de entregadores e motoristas de *app*.

Assalto à nuvem

Fortaleza, 6 de janeiro de 2020. No centro financeiro da cidade, o trânsito amanhece interditado por uma inusitada barricada colorida. Empilhadas, mochilas com logotipos do iFood, da Rappi e da UberEats cortavam diferentes pontos da avenida: era um protesto de entregadores de aplicativo denunciando o atropelamento de um colega na noite anterior. A cena se tornaria cada vez mais frequente ao redor do país nos meses seguintes. Em março, um grupo de militantes já podia crer que "um fantasma ronda as cidades brasileiras, e esse fantasma anda sobre duas rodas".[40]

---

[38] Victor Hugo Viegas, "O que o auxílio emergencial tem a ver com a luta de classes?", *Jacobin Brasil*, 27 out. 2020.
[39] Aliny Gama, "MPT investiga se funcionários ajoelhados em ato foram coagidos por patrões", *UOL*, 30 abr. 2020.
[40] Amigos do Cachorro Louco, "Dá para fazer greve no aplicativo? Discussão das lutas dos motoboys", *Passa Palavra*, 17 de mar. 2020.

Não é de hoje, entretanto, que parte indispensável do metabolismo urbano brasileiro se move sobre duas rodas. Na expansão caótica das cidades, onde o transporte veio a reboque, remendando as partes, o preço dessa precariedade foi sempre pago pela correria de quem tem que chegar no horário. Enquanto a falta de mobilidade penaliza a mão de obra com horas extras de esforço no transporte coletivo lotado,[41] as demais mercadorias não se viram por conta própria e demandam uma circulação sempre mais veloz. Daí a aparição, em fins dos anos 1980 – muito antes de qualquer aplicativo –, de um exército de motoboys cada vez mais numeroso capaz de cortar o engarrafamento entre os carros e garantir, sob risco de vida, a aceleração dos fluxos capitalistas nas nossas metrópoles colapsadas. Os "corredores informais e mortais das motocicletas" viabilizam a circulação do que não pode parar em meio ao trânsito parado e servem, ao mesmo tempo, para aumentar a produtividade no deslocamento dos trabalhadores reféns da imobilidade urbana, que encontram na moto a saída de emergência "que equaciona baixo custo com alta velocidade".[42]

Enquanto a ampliação do microcrédito durante os governos petistas facilitava o financiamento de motos de baixa cilindrada e a frota crescia desenfreadamente, multiplicavam-se pequenas empresas terceirizadas de entregas, as *express*, nas quais os custos do principal instrumento de trabalho recaía sobre os trabalhadores. A popularização dos celulares ao longo dos anos 2000 permitiria uma comunicação contínua e direta entre a central e os entregadores na rua, diminuindo "os poros de não-trabalho ao longo de sua jornada" e barateando o serviço aos con-

---

[41] "Vou aprender a nadar", cantava Gordurinha, condensando num único verso, em 1960, a jornada de "trabalhar em Madureira, viajar na Cantareira e morar em Niterói" – não à toa, um ano depois da Revolta das Barcas incendiar a frota e pilhar a mansão dos donos da empresa Cantareira ("Mambo da Cantareira", *Gordurinha tá na praça*, 1960). Não é surpresa que ônibus e trens sempre tenham tido uma vocação incendiária, afinal a humilhação coletiva nas filas de embarque e no transporte lotado é expressão do sobretrabalho para o próprio deslocamento jogado nas costas do trabalhador. "Dá mais trabalho ir ao trabalho do que trabalhar", explicava um cartaz no mês de junho de 2013, quando a bomba relógio explodiu.

[42] Assim como as citações do parágrafo seguinte, os termos são de Ludmila Costhek Abílio, *Segurando com as dez: o proletário tupiniquim e o desenvolvimento brasileiro*, Relatório final de pós-doutorado apresentado à FAPESP, FEA-USP, 2015.

tratantes. Mais tarde, com a chegada dos *smartphones* com acesso à internet e GPS, é a própria mediação desempenhada por aquelas empresas que poderá ser descartada e substituída por um *app*, que promete conectar a multidão de entregadores "diretamente" às demandas dos clientes e libertá-los da exploração das terceirizadas. Reduzindo o contrato de trabalho a um cadastro virtual e o trabalhador a força de trabalho *just in time*, as plataformas são capazes de recrutar o motoboy que está há trinta anos nas pistas, o trabalhador com emprego fixo que faz entregas depois do expediente e o jovem desempregado que tem ou aluga uma bicicleta atrás de um "bico". É essa multidão heterogênea "que de forma dispersa, inconstante e com diferentes intensidades", assegura a distribuição de boa parte das mercadorias nas cidades.

Quando motoboys paralisaram um aplicativo pela primeira vez no país, opondo-se à redução do valor das corridas pela Loggi em fins de 2016, o sindicato da categoria em São Paulo, que via sua base evaporar na "nuvem", intercedeu junto à Justiça do Trabalho defendendo o reconhecimento do vínculo empregatício com a plataforma. Terminou, por isso mesmo, rechaçado pelos próprios grevistas, que levariam para as manifestações seguintes uma faixa com uma mensagem clara: "não à CLT!". Parece paradoxal que trabalhadores em luta por melhores condições de trabalho recusem abertamente a formalização de sua atividade. Contudo, é precisamente nessa recusa que se encontra o motor da assombração que continua a rondar as cidades brasileiras.[43]

Para a maior parte da esquerda, a resposta ao enigma se resumiria à consciência enviesada dos trabalhadores, seduzidos pelo canto empreendedor da sereia neoliberal. Como explicar, no entanto, que o rechaço à regulamentação possa vir associado a uma declaração de "guerra contra os *apps*"? Não é preciso conversar muito com um motoboy para perceber que a aversão

---

[43] Leo Vinicius, "A greve dos apps e a composição de classe", *Passa Palavra*, 18 ago. 2021.

ao vínculo empregatício carrega consigo uma rejeição ao universo infernal dos "trabalhos de merda": horário a cumprir, salário baixo e um chefe para tornar sua vida mais difícil.[44] Para além de maiores custos com documentação e burocracias para trabalhar, o futuro prometido pelo discurso da regulamentação soa *fake*.[45]

No mundo do trabalho sem formas, a pauta reformista muda de sentido: é aquela que busca recuperar a forma perdida, é *re-formista*, a exemplo da defesa da CLT – em outras palavras, o "progressismo" torna-se restaurador. Ao contrário da miragem de reconstrução de uma sociedade salarial nos marcos keynesianos-fordistas (que no Brasil, sabemos, só existiu pela metade), a cantilena do empreendedorismo encontra eco na experiência vivida do trabalhador uberizado. Depois de se inscrever em um aplicativo, é o "trabalhador, por conta própria, que assume os riscos e custos de seu trabalho, que define sua própria jornada, que decide sobre sua dedicação ao trabalho".[46] É justamente por ser real, e não mera retórica, que a autonomia pode operar como peça central na engrenagem da subordinação: ao transferir para os trabalhadores a tarefa de administrar seu próprio trabalho, o capital também transfere a necessidade de es-

---

[44] A percepção não se restringe aos entregadores brasileiros. "Não havia ninguém fungando no meu cangote, me dizendo para ir mais depressa, para fazer isso, para fazer aquilo. (...) Considerando como outros trabalhos podem ser sinistros, muitos entregadores até prefeririam a Deliveroo. O estresse de circular pelas ruas é mais ou menos similar, ou até menor, do que o estresse de turnos de oito horas ou mais em um bar ou supermercado (...), sem um chefe ligando para pedir que você cubra o turno de um colega de forma inesperada. Havia uma sensação de autonomia e independência que não era totalmente ilusória", relata Callum Cant sobre sua rotina de trabalho como entregador em Brighton, na Inglaterra (*Delivery Fight!*, São Paulo, Veneta, 2021, p. 79 e 117, ajustes na tradução a partir do original). Ironizando a imagem dos entregadores como "pobres escravos do sistema", um ciclista italiano pondera que a entrega é "preferível a outros trabalhos, por exemplo numa firma. Acho que esse é um dos problemas da plataforma de reivindicações que existe atualmente. (...) A maior parte dos entregadores é contrária a essa manifestação [convocada pelos sindicatos], a se transformar em um subordinado, porque a flexibilidade é uma vantagem" ("EP. 4 - Riders", *Podcast Commonware*, 20 abr. 2021.

[45] Buscando a todo custo espelhar, no movimento real, a sua própria imagem, a esquerda "não defende nem algo utópico, pois é a manutenção do mesmo e um sistema de contenção, nem algo realista, pois não há lastro material para seus projetos." (Felipe Catalani, "O 'enigma' dos motoboys em greve contra a CLT", *Passa Palavra*, 2 jul. 2020).

[46] Ludmila Abílio, "Uberização do trabalho", cit.

tender e intensificar sua jornada, bem como de lidar com os imprevistos e com as oscilações da demanda.

Cada entregador autogerencia seu processo de trabalho, mas o faz dentro das condições impostas pelas empresas de forma unilateral e muitas vezes imponderável, a começar pela forma de remuneração e pelos valores fixados via algoritmo. Sistemas de pontuação e de ranqueamento limitam quantas entregas podem ser recusadas; promoções estimulam os entregadores a trabalharem em regiões e períodos de alta demanda, como dias de chuva, ou, ainda, a aceitarem todas as corridas durante determinado período; bloqueios automáticos, temporários ou definitivos, punem supostas irregularidades detectadas pelo *software*; e, mais recentemente, mecanismos de agendamento incentivam a definição prévia dos horários de trabalho. Diante da pressão incessante sobre a margem de independência que caracteriza sua ocupação, os entregadores são obrigados a criar estratégias para resistir e burlar os mecanismos de controle do aplicativo – bem como das autoridades de trânsito e dos estabelecimentos, que policiam seu espaço de trabalho – num conflito permanente.

Para ganhar a vida como entregador, não é raro precisar usar (ou até alugar) o perfil de outra pessoa, contornando um bloqueio de conta; furar semáforos vermelhos ou ultrapassar o limite de velocidade para aumentar a produtividade, tampando a placa ao passar por radares; desviar de uma *blitz* policial que pode levar à apreensão da moto em situação irregular por falta de dinheiro; ou até extraviar o lanche de um cliente para garantir uma refeição especial entre uma corrida e outra. Mas, à medida que quebrar constantemente as regras não só faz parte do jogo como garante o funcionamento do aplicativo – e da cidade como um todo –, a própria insubordinação do *cachorro louco* se revela ambígua.[47] Grupos de WhatsApp, assim como vários ca-

---

47 Essa dialética do cachorro louco não é algo novo na periferia do capitalismo. "Ser cachorro loko é ter uma moto sem licenciamento e saber escapar das *blitz* da polícia. É conhecer os melhores caminhos da cidade. É saber fazer os trâmites em um fórum, cartório, banco. É dar a garantia para a(s) empresa(s) de que o serviço será realizado literalmente sem contratempos. (...) O zelo

nais de YouTube e fóruns de Facebook, assumem um papel fundamental nessa dinâmica, difundindo estratégias bem sucedidas e estabelecendo redes de cooperação indispensáveis para o trabalho, bem como para o funcionamento do serviço:

> Existem infinitos grupos de zap só de motoboys que servem para compartilhar informações da rua, blitz, assalto, acidente, troca ou venda de moto, jaqueta, bag, CNH, trampo, todo tipo de rolo. Esses grupos acabam sendo uma estrutura informal de organização do trabalho pelos próprios trabalhadores, paralela à dos aplicativos. Ao mesmo tempo que ela contribui para os *apps* funcionarem melhor (os entregadores avisam onde tá tocando mais corrida, se deu algum bug, se ajudam com problemas no suporte, bloqueios etc.), também é ali que às vezes aparecem *memes* ironizando o trabalho, desabafos, e organização de atos.[48]

Foi sobretudo ao redor dessas redes informais que se organizaram, desde o início de 2020, numerosos protestos de entregadores. Quando o coronavírus se alastrou pelo Brasil, eles também se multiplicaram pelo país. As medidas de quarentena evidenciaram a centralidade dos entregadores na logística urbana – foi, afinal, a mobilização permanente desse exército motorizado que produziu parte das condições necessárias para o *home office* dos contingentes mais qualificados. Contudo, contrabalançado pela expansão vertiginosa do cadastro de "parceiros" nas plataformas,[49] o aumento da demanda por serviços de *delivery* não se traduziu em um aumento da remuneração. Em meio à avalanche de demissões em outros setores, os aplicativos passaram a funcionar como uma espécie de "seguro desemprego" perverso e, conforme o total de entregadores crescia, o valor das taxas e a frequência das corridas seguiam o movimento oposto. Somada ao aflu-

---

desta profissão se traduz no equilíbrio permanente em quanto arriscar a própria vida, como realizar trâmites burocráticos, o conhecimento sobre a cidade, e enfrentar as tensões sociais cotidianas que se materializam no trânsito." (Ludmila Abílio, "Segurando com as dez", cit., p. 23-24).
48 Francisco Miguez e Victor Guimarães, "'A diferença na forma é um termômetro da luta' – Entrevista com militantes do canal Treta no Trampo", *Cinética: Cinema e Crítica*, 17 set. 2020.
49 Jacilio Saraiva, "Total de entregadores na Grande São Paulo tem aumento de 20%", *Valor Econômico*, 9 jun. 2020.

xo de novos trabalhadores para quem aquela era apenas uma fonte de renda extra ou temporária, a queda dos ganhos de quem já dependia dos *apps* impulsionaria a irrupção de movimentos selvagens de entregadores pelo país.

Numa noite de alta demanda, um grupo de motoboys bloqueia a entrada dos carros no *drive thru* de um *fast food*, forçando o restaurante a priorizar a saída dos lanches para *delivery*.[50] Amontoados no estacionamento de um supermercado à espera dos pedidos, entregadores se irritam e iniciam um "buzinaço" para pressionar a retirada dos pacotes.[51] Depois que um desabafo sobre um episódio de humilhação ou uma tentativa de golpe se espalha pelo WhatsApp, o cliente canalha é surpreendido pelo barulho de um comboio de motoqueiros na porta da sua casa. Enquanto entregadores de uma cidade se reúnem para cobrar mais segurança das autoridades depois de um atropelamento ou assalto, em outra são episódios de violência policial e arbitrariedades na fiscalização de trânsito que disparam protestos.[52] Das grandes capitais ao interior do país, fervilham manifestações marcadas de última hora pelas redes sociais por aumento das taxas de entrega e outras melhorias. Na iminência da primeira onda do coronavírus, motoboys do Acre paralisam as corridas para exigir o fornecimento de máscaras e álcool gel da prefeitura de Rio Branco.[53] Uma greve dos entregadores de moto e de carro da Loggi, contra a redução abrupta do valor das ro-

---

[50] Cenas de protestos como esses foram registradas por Treta no Trampo em "Diário de um motoca na pandemia", *Instagram*, 25 abr. 2020 e "Pedidos demorando demais pra sair no BK Demarchi (SBC)", *Instagram*, 13 out. 2020.

[51] Para um exemplo desse tipo de situação registrado em São Gonçalo, no Rio de Janeiro, ver Invisíveis, "Protesto de entregadores no Supermarket", *Instagram*, 11 jun. 2020.

[52] Em janeiro de 2020, o vídeo em que um policial agride um motoboy seria o estopim de protestos contra arbitrariedades nas *blitze* de fiscalização de motos no Distrito Federal ("Motoboys fazem protesto em Taguatinga", *Globoplay*, 21 jan. 2020); três meses depois, entregadores do Piauí sairiam às ruas para exigir mais segurança à prefeitura de Teresina após o assalto de um colega durante uma entrega (Entregadores Teresina PI, "Cadê os valentões da Rua Goiás agora???", *Instagram*, 17 abr. 2020). Comentando uma mobilização contra uma megaoperação das polícias de trânsito visando motoboys em Florianópolis, Leo Vinícius reflete sobre o problema da segurança do trabalho de *delivery* em "Entregadores de apps e o modelo policial de prevenção de acidentes", *Passa Palavra*, 25 fev. 2021.

[53] Amigos do Cachorro Louco, "Sob pandemia, motoboys de app paralisam entregas no Acre", *Passa Palavra*, 27 mar. 2020.

tas, se estende por todo o estado do Rio de Janeiro, chegando no dia seguinte à Baixada Santista.[54] E em São Paulo, *bikers* se reúnem mais de uma vez na Avenida Paulista contra o sistema de pontuação da Rappi, que restringia o acesso às zonas de maior demanda.[55]

Com manifestações voláteis e dispersas, que podiam se formar e se dissolver no intervalo entre uma corrida e outra, o "fantasma sobre duas rodas" que rondava o país logo faria sua primeira aparição pública. A convocatória de um "Breque Nacional dos *Apps*" canalizou o movimento latente para uma única data, o dia 1º de julho de 2020, marcando a estreia dessas lutas subterrâneas no palco dos grandes eventos políticos. Enquanto a ideia de uma paralisação geral começava a ganhar corpo em grupos de WhatsApp, "salves" filmados em formato *selfie* por entregadores de todo país anunciavam a adesão de "bondes" de todo o país. À medida que a mobilização ganhava visibilidade, apoiadores passaram a divulgar uma campanha de boicote às plataformas no dia da greve, partidos e organizações de esquerda soltaram notas de apoio e os grandes canais de comunicação noticiaram a convocatória. Ao ganhar uma face pública, a agitação espontânea e difusa dos meses anteriores foi traduzida numa forma mais legível pelas instituições: "em muitas cidades, os sindicatos de sempre tentaram assumir a frente do movimento e lideranças autoproclamadas foram abraçadas por partidos e entidades, assim como pela imprensa."[56] Na rabeira de uma tímida leva de manifestações contra o governo federal na mesma época, os veículos de imprensa produziam a imagem do "entregador antifascista", enquanto a esquerda e os operadores da CLT enquadravam o movimento na gramática dos direitos trabalhistas.[57]

---

[54] Iniciada no dia 9 de junho de 2020, a greve nos galpões da Loggi se estendeu por alguns dias em diversos pontos do estado do Rio de Janeiro e em Santos (Treta no Trampo, "Greve nos galpões da Loggi no RJ", *Instagram*, 9 jun. 2020 e "Greve da Loggi em Santos", *Instagram*, 10 jun. 2020. Ver também Invisíveis Rio de Janeiro, "Entre as dificuldades do breque e a experiência dos entregadores", *Passa Palavra*, ago. 2020).

[55] Treta no Trampo, "Diário de um Motoca - Protesto dos Entregadores no Masp (5/6/2020)", *YouTube*, 20 jun. 2020.

[56] Isadora Guerreiro e Leonardo Cordeiro, "Do passe ao breque: disputas sobre os fluxos no espaço urbano", *Passa Palavra*, 6 jul 2020.

[57] Mesmo sem contar com respaldo significativo entre os motoboys, a aparição dos "Entregadores

Embora volumosas e barulhentas, muitas das motociatas que tomaram conta de várias avenidas pelo país no dia 1º de julho – bem antes dos comboios estrategicamente encabeçados por Bolsonaro no ano seguinte – terminaram domesticadas por entidades representativas. Em São Paulo, o caminhão de som do sindicato se sobrepôs às buzinas da multidão motorizada que rodou do Tribunal Regional do Trabalho à Ponte Estaiada. Mantendo-se dentro dos limites de uma categoria e da reivindicação de melhores condições de trabalho, o Breque dos Apps não conseguiu ir significativamente além do *script* do que ainda resta do sindicalismo. Aquele foi o episódio mais visível e organizado – e por isso mesmo em certo sentido mais comportado –, no Brasil, de um movimento que atravessou todo o período da pandemia e ainda segue em marcha, tanto aqui como em outros cantos do planeta.[58]

Algo, contudo, escapava àquele roteiro. Às sete horas da manhã, um vídeo gravado em frente a um dos muitos galpões da Loggi em São Paulo – de onde partem para os lares dos consumidores, a bordo de carros e motos, milhares de produtos comprados pela internet – já circulava no WhatsApp: ao redor de uma caixa de som que tocava pagode dos anos 1990, cerca de dez entregadores se preparavam para passar o dia ali, prometendo fazer um churrasco e impedir a retirada de qualquer pacote. Bloqueios em outros galpões, *shoppings* e restaurantes ao redor da cidade se estenderam por todo o dia, chegando até o jantar em lojas de *fast food* do ABC paulista e outros pontos da metrópole. É curioso que, justo ali onde é difícil delimitar um "local de trabalho" – pois ele se espalha por toda a cidade –, proliferassem, como há muito tempo não se via, verda-

---

Antifascistas", entre os protestos contra Bolsonaro e a ascensão do movimento dos entregadores, contribuiu para alavancar a visibilidade da luta contra os aplicativos, fornecendo um interlocutor para a esquerda e para a imprensa. E não deixa de ser mais um sintoma do desencontro constitutivo do Breque dos Apps, entre a projeção do público "progressista" – cujo apoio nas redes sociais se revelou fundamental –, e o que estava realmente em jogo para os motoboys. Não por acaso, aquele público seria alvo de um fogo cerrado das baterias publicitárias do iFood nos meses seguintes.

[58] Para um balanço em vídeo sobre os movimentos de entregadores ao longo do primeiro ano da pandemia no Brasil, ver Treta no Trampo, "Um ponto de vista sobre o #BrequeDosAPPs 2020", *YouTube*, 14 mar. 2020.

deiros piquetes. Eram, em certo sentido, piquetes invertidos: o objetivo era menos impedir a entrada dos trabalhadores no espaço da produção do que barrar a saída das mercadorias para a circulação.[59]

A organização de muitos desses bloqueios passou por redes locais de motoboys que, enquanto uma nova corrida não toca no aplicativo ou o pedido não fica pronto no restaurante, esperam no mesmo "bolsão" de motos. Ao mesmo tempo em que fornecem uma imagem precisa da disponibilidade permanente exigida ao trabalhador *just in time* – que quando não está correndo contra o tempo, permanece em *standby*,[60] aguardando o aplicativo tocar –, essas "zonas de espera"[61] espalhadas pelo espaço urbano tornam-se locais de confraternização e, eventualmente, de organização. Foi assim no dia 1º de julho, quando muitos bolsões foram convertidos em pontos de bloqueio. Vários atendentes, e mesmo gerentes, das lojas de *fast food* manifestavam apoio aos grevistas, com quem convivem todos os dias, permitindo o uso do banheiro, oferecendo café e até doando os lanches que se acumulavam no balcão sem ter quem os transportasse. Na porta de *shoppings* e restaurantes, o apoio tácito – ou até explícito – dos vigilantes de empresas terceirizadas de segurança patrimonial se mostrou fundamental, bloqueando ou enrolando para autorizar a entrada dos fura-greves mais exaltados.

No bolsão localizado em frente a uma distribuidora de bebidas que, em respeito à greve, anunciara a suspensão do serviço de *delivery* por aplicativos, escutava-se ao longe, lá pelas onze horas da manhã, a chegada de um grande comboio de entregadores, juntando-se aos colegas que desde cedo se concentravam ali. Pouco tempo depois, o enxame de motos saía novamente em disparada pelas ruas da cidade, sem trajeto definido. Buzinando e "cortando de

---

[59] Treta no Trampo, "Breque dos Apps / App Strike in Brazil (Sub EN/ES/PT/FR), July 2020", *YouTube*, 8 jul. 2020.
[60] A ideia é desenvolvida por Leo Vinicius em "Modo de espera e salário por peça nas entregas por apps", *Passa Palavra*, 8 nov. 2020. A imagem de um imenso estoque de trabalhadores *just in time*, em *standby* à espera do próximo *job*, não deixa de ser uma descrição adequada das grandes cidades brasileiras.
[61] A expressão é de Paulo Arantes e serve de título a seu ensaio sobre "o tempo morto da onda punitiva contemporânea" em *O novo tempo do mundo*, São Paulo, Boitempo, 2014.

giro" a todo instante, aquele esquadrão produzia um barulho ensurdecedor e tomava de assalto as docas dos *shoppings* que encontrava pelo caminho numa invasão relâmpago, expulsando motoboys que retiravam pedidos e obrigando os lojistas, assustados, a baixarem as portas por algum tempo. Flexíveis e replicáveis, os bloqueios móveis traziam consigo uma ameaça de descontrole que contrastava com a previsibilidade e o engessamento das "motociatas" lideradas pelos caminhões de som dos sindicatos. Quando a própria cidade é o espaço de trabalho, a greve pode ganhar ares de revolta social.

A explosão, contudo, não aconteceu. Aos piquetes móveis, se contrapunha a flexibilidade dos aplicativos – que, além de lançar mão de promoções para as entregas nas regiões mais afetadas pela greve, contava com as dimensões da sua gigantesca rede de "restaurantes parceiros" para não perder os clientes do dia – e a agilidade dos próprios fura-greves, igualmente capazes de se locomover pelo tecido urbano em busca de estabelecimentos abertos. É significativo que muitos dos que insistiam em trabalhar fossem entregadores ligados a "operadores logísticos" (OLs) terceirizados do iFood. É que, além da modalidade "nuvem" – a tão celebrada "nova forma de trabalhar" em que o motoboy liga o aplicativo quando quer e organiza sua jornada, aceitando ou não as corridas que aparecem na tela –, o iFood conta com outro sistema menos conhecido, e (ao menos aparentemente) menos inovador, para administrar sua força de trabalho. Um "operador logístico é uma empresa menor, subcontratada pelo iFood para organizar e gerenciar uma frota de entregadores fixos", por vezes em uma zona delimitada.[62] Segundo a plataforma, essas terceirizadas são responsáveis por ao menos 25% do contingente de "parceiros" – proporção que muitos motoboys afirmam estar crescendo[63] – e "contribuem em diver-

---

[62] Leandro Machado, "A rotina de ameaças e expulsões de entregadores terceirizados do IFood", *BBC Brasil*, 24 jul. 2020.
[63] O dado é de um diretor do iFood em artigo de resposta a denúncias sobre o regime OL (João Sabino, "Cuidar do outro é mandamento do iFood", *Le Monde Diplomatique*, 2 ago. 2021), mas não é possível confirmá-lo. Como parte dos "entregadores nuvem" acessa o aplicativo esporadicamente, por períodos mais curtos ou com menor frequência, na prática os operadores logísti-

sos cenários, como atendimento a localidades específicas" e *shoppings*, a "abertura de novas regiões" e o "complemento da frota em determinados dias e horários". Algumas dessas empresas têm frotas de "até 400 pessoas rodando por São Paulo" e cobram um valor semanal pelo aluguel de patinetes e bicicletas por parte de seus entregadores.[64]

Com a promessa de receber mais pedidos do que os "entregadores nuvem" e sem precisar enfrentar a fila de espera para se cadastrar na modalidade mais conhecida, o "entregador OL" tem jornadas de trabalho predeterminadas, recebe por intermédio da empresa terceirizada, para a qual o aplicativo repassa o valor das corridas, e é supervisionado por um "líder de praça" que faz as vezes de atravessador para a plataforma. O controle impessoal e automático do algoritmo combina-se, assim, com o gerenciamento de um chefe em carne e osso que, tapando as brechas deixadas pelo primeiro, controla de perto a produtividade dos trabalhadores, dispondo de poderes para interferir na distribuição dos pedidos, aplicar sanções e demitir: o pior do emprego com carteira assinada, sem nenhuma das garantias que ele oferece.

Será então que a última palavra em gestão do trabalho, o "gerenciamento algorítmico" ultramoderno de plataformas como o iFood, rima com os métodos arcaicos do capataz? Por um lado, é o mercado preexistente no Brasil que explica o fenômeno: muitas das operadoras logísticas são as velhas *express*, firmas de motofrete que perderam espaço para os aplicativos, agora incorporadas pelo iFood em posição subordinada. Por outro lado, a combinação não existe só por

---

cos podem ser responsáveis por uma parcela bem maior da frota disponível. Paralisações contra a expansão das "praças" de operação de empresas OLs e a queda nos pedidos direcionados aos demais entregadores têm se tornado cada vez mais comuns, da Grande São Paulo (ver Treta no Trampo, "iFood, libera os nuvens em Arujá!", *Instagram*, 12 mai. 2021) a Goiânia e Cuiabá (ver Revolucionários dos Apps, "Ontem rolou a maior reunião dos entregadores em Goiânia", *Instagram*, 3 fev. 2022 e FML Foguetes do Asfalto, "Cuiabá vai pra cima do iFood, tmj", *Instagram*, 16 fev. 2022)

[64] Leandro Machado, "A rotina de ameaças e expulsões de entregadores terceirizados do IFood", cit.

aqui. As duas maiores empresas de entregas por aplicativo da China dividem sua força de trabalho de forma similar: enquanto os entregadores "eventuais" costumam ser trabalhadores em tempo parcial, que podem escolher quais corridas aceitar, os entregadores "contratados" trabalham em tempo integral e são vinculados a uma "estação", controlada por um gerente – mas nenhum deles tem vínculos formais de emprego com a plataforma.[65]

Ao combinar a capacidade de processamento de dados e a vigilância impessoal da inteligência artificial com a coerção direta e pessoal do bom e velho capataz, devidamente terceirizado, essa forma bastarda da uberização pode representar uma tendência para a gestão do trabalho, muito mais eficiente do que os robôs deixados à própria sorte: "o algoritmo apita muito, mas é vacilão"[66]. No inferno contemporâneo do trabalho, feitores, atravessadores e jagunços têm lugar garantido. Conforme enferrujam algumas engrenagens da trégua aparente das últimas décadas, aqueles novos velhos intermediários se revelam mais atuais do que nunca – e, malgrado os esforços de CEOs polidos e descolados para mantê-los à sombra, não é de se espantar que queiram sair ao sol.[67] Nessa nova economia da viração, já não há

---

[65] Entre 2017 e 2019, o número de greves de entregadores reportadas na China se multiplicou por quatro. Em 2020, uma série de protestos e paralisações eclodiria no país enquanto a pandemia acelerava a expansão do setor e ampliava a desigualdade social, pressionando salários para baixo e levando as autoridades a apontar o setor informal como solução para o desemprego crescente. As informações estão reunidas em uma extensa reportagem sobre "os horrores do trabalho como entregador" produzida por uma das revistas mais famosas do país, a Renwu (traduzida para o inglês em "Delivery workers, trapped in the system", *Chuang*, nov. 2020). No início de 2021, cinco entregadores de Pequim que mantinham canais de apoio mútuo e campanhas contra as plataformas nas redes sociais, foram detidos em suas casas pela polícia. A perseguição à "Aliança dos Entregadores" foi denunciada por uma campanha internacional, que contou com atos de solidariedade de trabalhadores de aplicativo ao redor de todo mundo, inclusive em frente ao consulado chinês de São Paulo (Treta no Trampo, "Liberdade para Mengzhu - motoca preso na china", *Instagram*, 29 abr. 2021). Vítima de um processo obscuro, o entregador Chen Guojiang foi finalmente libertado em janeiro de 2022. Para mais informações, ver: https://deliveryworkers.github.io/.

[66] Leo Vinícius. "Os OL como resposta à luta dos entregadores de aplicativos". *Passa Palavra*, 23 jun. 2020.

[67] Como notou Antonio Prata na crônica "#minhaarmaminhasregras", *Folha de S. Paulo*, 10 nov.

perspectiva de que a violência aberta deixe de ser o nexo social central, como fica claro no vocabulário bélico dos motoboys – soldados da batalha cotidiana do trânsito cuja produtividade "se mede pela velocidade, ou seja, pelo risco de morte iminente"[68]. A "guerra civil (...) cada vez mais coordenada pelo que denominamos sistema jagunço no Brasil"[69] fica ainda mais nítida ali onde alguns de seus elos se explicitam sem rodeios, como é o caso dos indícios crescentes de ligações entre as OLs do iFood e negócios ilegais nas periferias de São Paulo e do Rio de Janeiro.

No dia 4 de julho de 2021, depois de um novo período de protestos e paralisações dispersas pelo país, motoboys de Curitiba, Goiânia, Campo Grande e Itajaí se mobilizaram por melhorias, incluindo o fim da necessidade de agendamento prévio dos horários de trabalho imposta pelo iFood em algumas das cidades onde opera. No mesmo dia, a ampliação da área de atuação de entregadores OL, reduzindo drasticamente a oferta de pedidos para os demais, levaria os motoboys de um bairro popular na zona oeste do Rio de Janeiro a cruzarem os braços e bloquearem a saída de pedidos em um shopping. Relatos da paralisação, que se espalharia rapidamente para outras regiões da cidade e duraria quatro dias, mencionam, além das já recorrentes ameaças dos líderes OL aos grevistas[70], a presença de integrantes de milícias na frente de restaurantes para impedir piquetes.[71] As obscuras e notórias relações entre a família presidencial e grupos armados

---

2019, retomada por Gabriel Feltran, "Formas elementares da vida política: sobre o movimento totalitário no Brasil (2013-)", *Blog Novos Estudos CEBRAP* e por Paulo Arantes e Miguel Lago, "A revolução que estamos vivendo", *Congresso Virtual UFBA 2021*, 26 fev. 202.

68 Isadora Guerreiro e Leonardo Cordeiro, "Do passe ao breque: disputas sobre os fluxos do espaço urbano", 6 jul. 2020.

69 Marcio Pochmann, "O movimento sindical e a precarização do trabalho no Brasil", *YouTube*, 12 abr. 2021 e "A guerra no mundo do trabalho", *Terapia Política*, 11 abr. 2021.

70 Ver, por exemplo, Brasil Econômico, "Empresa que contrata entregadores para o iFood ameaça quem aderir à greve", *iG*, 1 jul. 2020; Victor Silva, "Operadoras da iFood ameaçam greve de entregadores", *Passa Palavra*, 17 set. 2021. Para uma coleção de denúncias sobre esse regime de trabalho do iFood, ver vídeos reunidos em Ralf MT, "(Série) iFood, a casa caiu, fim da função OL, das fraudes e das barbáries…", *YouTube*.

71 Leo Vinícius, "A inovadora parceria do iFood e as milícias", *Le Monde Diplomatique*, 23 jul. 2021.

que exercem esse tipo de "controle privatizado e monopolizado do território" não são mera coincidência: em sintonia com o que há de mais avançado em termos de gestão da força de trabalho flexível espalhada pelo espaço urbano, o "governo miliciano" do capitão é simultaneamente sintoma e agente da uberização à brasileira.[72]

Sobrevivendo no purgatório

Caía um forte temporal em Macapá no dia 3 de novembro de 2020 quando, entre um trovão e outro, as luzes se apagaram e os celulares ficaram sem serviço. A subestação que transmite energia ao Amapá inteiro, que já operava há um ano com parte das estruturas danificadas, tinha colapsado. Era o início do mais longo apagão da história do país, que se estenderia por três semanas. A falta de eletricidade interrompeu o fornecimento de água em boa parte da cidade, levando muitos a lavarem a louça e a roupa nos rios; a instabilidade nas redes de telecomunicação deixou moradores incomunicáveis; nos bancos, era impossível sacar dinheiro; filas se formaram nos postos de gasolina; e as prateleiras logo se esvaziaram nos mercados. Enquanto isso, as mortes por covid cresciam exponencialmente. Após quatro dias no escuro, a conexão foi restabelecida com um sistema de racionamento absolutamente irregular e desigual entre os condomínios de elite e as periferias. A oscilação provocou sobrecargas: eletrodomésticos pifaram, postes de rua explodiram e casas pegaram fogo.

Conforme a crise se prolongava e o desespero se generalizava, surgiam "barricadas, manifestações por toda cidade, muitas ruas com pneus queimados".[73] Além de atenuar a penumbra da noite,

---

[72] "A partir do controle privatizado e monopolizado do território, onde se dá a reprodução da vida", aponta Isadora Guerreiro, "o Estado pode atuar na regulamentação de uma economia informal ou que foge das relações trabalhistas" intervindo no "preço da força de trabalho (...) no seu aspecto urbano." ("Elementos urbanos de um 'governo miliciano'", *Passa Palavra*, 8 jun. 2020).

[73] Amazônia Real, "População de Macapá se revolta com apagão", *YouTube*, 8 nov. 2020. Para um registro das mobilizações durante o blecaute, ver Transe, "SOS Amapá - O apagão e as lutas", *YouTube*, 19 nov. 2020.

sair para a avenida e acender uma fogueira com entulho tornou-se o último recurso das multidões para pressionar as autoridades enquanto esperavam a normalização do fornecimento de energia ou o reparo de um transformador danificado. A Polícia Militar, que acompanhou o movimento de perto, reprimindo e perseguindo moradores, contabilizava mais de 120 protestos em todo o Amapá quando, repentinamente, a pandemia voltou a ser objeto de preocupação. "Com a finalidade de reduzir os riscos de transmissão do novo Coronavírus", o governo estadual decretou toque de recolher durante a noite e veto a "qualquer espécie de atividade política de pessoas em ruas, praças, (...) mesmo que ao ar livre, (...) como reuniões, caminhadas, carreatas, comícios, bandeiradas, etc."[74] A sobreposição amapaense de colapsos completa a distopia brasileira, em que o Estado a um só tempo sabota medidas de isolamento social em nome da disciplina do trabalho, mas aciona um *lockdown* para conter a revolta popular.

"O que foi feito no Amapá, a questão da energia elétrica, não tem nada a ver com o governo federal", afirmaria o presidente nos dias seguintes. Que o governo se isentaria de qualquer responsabilidade pelo apagão – negligência, afinal, de uma concessionária privada – estava claro desde o início: com o anúncio de que eventuais danos a bens pessoais não seriam indenizados, a própria população passou a organizar vaquinhas para ajudar na reconstrução das casas de quem perdeu tudo. Ao redor da *hashtag* #SOSAmapá, iniciativas de doação de mantimentos aos bairros mais pobres se propagaram durante o desabastecimento.[75]

---

[74] "Decreto Nº 3915 de 17/11/2020", *Diário Oficial do Estado do Amapá*, 17 nov. 2020.

[75] A catástrofe que se abateu sobre o Amapá pode antecipar, em menor escala, o cenário de colapsos energéticos por vir – vide o alarme falso para novos apagões em cinco estados brasileiros no segundo semestre de 2021, em decorrência da seca (Alexa Salomão, "Governo emite alerta de emergência hídrica em 5 estados e vai criar comitê para acompanhar setor elétrico", *Folha de S. Paulo*, 27 mai. 2021). Num quadro de emergência climática, do qual a crise hídrica é só um dos componentes, não surpreende que os custos e riscos fiquem por conta da população – para isso convergem tanto a enfermidade ambiental quanto os remédios prescritos por governos e organismos internacionais, como a "taxação de carbono: um imposto adicional específico para produtos (...) poluentes, (...) altamente regressivo" (Antonio Celso, "Dirigindo pelo retrovisor", *Passa Palavra*, 15 ago. 2021). Vale lembrar que a criação de um encargo nesses moldes foi o estopim do movimento dos "coletes amarelos" na França em 2019.

A auto-organização para sobreviver no inferno transitava, assim, numa zona ambígua entre a solidariedade e a transferência dos prejuízos do desastre para a população. Poucos meses depois, quando o sistema de saúde colapsou no Amazonas, a comoção na internet arrecadou doações em todo país. Tentando driblar a superlotação e a falta de insumos nas UTIs, famílias improvisaram leitos de tratamento em casa para cuidar dos parentes doentes. Redes de amigos e voluntários se mobilizaram para obter cilindros de oxigênio diretamente das indústrias na Zona Franca de Manaus, redistribuídos para os pacientes domiciliares por toda a cidade. Se a contagem diária de mortos da pandemia nos telejornais escancara a descartabilidade à qual está condenada grande parte da população, esse mesmo pesadelo mostra-se produtivo à medida em que conforma os vivos a um regime de disponibilidade total a qualquer trabalho: "estamos nos tornando médicos. É o que nos cabe", relatou a um jornal uma jovem que acabara de aprender a administrar oxigênio em casa para familiares sem vagas nos hospitais.[76] Choque após choque, a catástrofe permanente em que nos vemos suspensos há dois anos potencializa e normaliza os velhos expedientes – informais, improvisados, inseguros, ilegais – de sobrevivência na guerra cotidiana. Mas esse sobretrabalho disforme, outrora descoberto por sociólogos brasileiros como motor oculto de nossa modernização capitalista, há muito não anima qualquer esperança desenvolvimentista: em meio ao colapso, apenas repõe constantemente o horizonte negativo de confinamento a uma espera desesperada, extenuante e sem fim.

Ao mesmo tempo em que radicaliza o "modo de vida periférico do salve-se quem puder"[77], a "desconstrução" como forma de governo[78] prepara o terreno para os movimentos do capital que

---

[76] Agência France Press, "A busca desesperada por oxigênio em Manaus para salvar pacientes em casa", *Estado de Minas*, 18 jan 2021.
[77] Ludmila C. Abílio, "Breque no despotismo algorítmico: uberização, trabalho sob demanda e insubordinação", *Blog da Boitempo*, 30 jul. 2020.
[78] Sobre a força política do não governo como modo de governar, espécie de "governo da suspensão" inaugurado por Bolsonaro em sua "empreitada revolucionária", ver Miguel Lago, "'Batalhadores do Brasil...'", *Piauí*, mai. 2021.

vêm adensando as malhas de controle e conferindo "escala a essa zona nebulosa"[79] da informalidade. Desse ponto de vista, o auxílio emergencial passa longe da proposta de uma "renda sem contrapartida", tão celebrada por analistas econômicos.[80] O experimento de transferência de dinheiro viabilizado ao longo de 2020 está intimamente ligado a outra transferência: a de custos e riscos do Estado e das empresas para uma população devidamente cadastrada e remunerada em doses limitadas.[81] Quando a atuação das autoridades na pandemia se resume a "uma maior ou menor leniência ou reforço (pequeno) a uma quarentena organizada por conta própria pelos trabalhadores"[82] é porque a própria gestão da emergência sanitária foi terceirizada para a multidão. Aquele "autogerenciamento subordinado"[83] característico do trabalho por aplicativos se mostra, aqui, uma tendência para a sobrevivência em geral na catástrofe. Das máscaras de pano feitas em casa e vendidas na rua – fonte de renda para quem sempre inventa um jeito de se virar – às barreiras sanitárias nas quais se revezavam moradores voluntários nas entradas de pequenos municípios e zonas turísticas[84], a quarentena só pôde existir na base da gambiarra[85], numa

---

[79] Tom Slee, *Uberização: a nova onda do trabalho precarizado*, São Paulo, Elefante, 2017.
[80] Raquel Azevedo, "Qual a origem de uma renda sem contrapartida?", *Passa Palavra*, 14 set. 2020 e Nelson Barbosa, "Renda básica universal", *Folha de S. Paulo*, 27 ago. 2022.
[81] Faz sentido que, durante o apagão no Amapá em novembro, o pagamento do auxílio – reduzido naquele momento a 300 reais – tenha sido extraordinariamente mantido em 600 reais por decisão do STF. Ver José Antonio Abrahão Castillero, "Amapá: protestos garantem auxílio emergencial de 600 reais", *A Comuna*, 15 nov. 2020.
[82] Organizados em "redes de vizinhos em prédios, movimentos de favelas, redes de solidariedade entre ocupações urbanas" etc. (Victor Hugo Viegas Silva, "Quem fez e faz a quarentena no Brasil? Os trabalhadores!", *Crônicas do Titanic*, 21 ago. 2020).
[83] O termo é, mais uma vez, de Ludmila Abílio ("Uberização: Do empreendedorismo para o autogerenciamento subordinado", *Psicoperspectivas*, v. 18, n. 3, nov. 2019).
[84] Ver Alfredo Lima, "Barreira sanitária é vida, flexibilização é morte!", *Passa Palavra*, 21 jun. 2020 e Renato Santana e Tiago Miotto, "Povos indígenas reforçam barreiras sanitárias e cobram poder público enquanto covid-19 avança para aldeias", *Conselho Missionário Indigenista*, 29 mai. 2020. Para uma entrevista com moradores que participaram de um desses bloqueios na região de Trindade, ver Invisíveis, "Paraty: barreira sanitária e retomada territorial", *Passa Palavra*, 27 set. 2020.
[85] Antes mesmo do coronavírus aterrissar no Brasil, a imagem de uma "quarentena gambiarra" ("*bricolage quarantine*") já era usada para analisar como as "más conexões entre todos os níveis do governo" resultaram em esforços conflitantes para lidar com o surto inicial do vírus na

somatória de esforços descoordenados (e, não raro, conflitantes entre si) que resultou, no fim das contas, num gigantesco trabalho sujo[86]. Enquanto se enterravam os mortos, todos colaboramos – em isolamento ou na correria – para manter a máquina urbana em funcionamento.[87]

Nos últimos meses de 2020 o auxílio emergencial foi gradualmente interrompido – com a exclusão progressiva de milhões de beneficiários e a redução do valor das últimas parcelas –, até que expirasse, em dezembro, a vigência do estado de calamidade pública e, com ele, do "orçamento de guerra" que viabilizou o maior ensaio de transferência direta de renda já realizado no Brasil.[88] Com o avanço da segunda onda de contaminação, a partir da virada do ano, estados e municípios voltariam a recorrer a medidas

---

China, da "repressão dos médicos 'denunciantes' por autoridades locais" a medidas sanitárias aplicadas de modo aparentemente aleatório por cada localidade, fora do controle do poder central. (Chuang, "Contágio Social", *Centro de Estudos Victor Meyer (CVM)*, 17 mar. 2020). A falta de confiança de "que o Estado teria capacidade de efetivamente conter o vírus" resultou em uma "mobilização massiva em resposta à pandemia, com grupos de voluntários provendo todo tipo de serviços, tanto para conter o contágio quanto para ajudar as pessoas a sobreviver", além de bloqueios feitos por moradores na entrada de vilas no interior do continente (ver a entrevista com Chuang por Aminda Smith e Fabio Lanza, "The State of the Plague", *Brooklyn Rail*, set. 2021).

86 Ver Paulo Arantes, "Sale boulot", em *O novo tempo do mundo*, cit. Dentro dos contornos mal definidos da "zona cinzenta" do gerenciamento privado do sofrimento, está também o infectologista que ratifica – a serviço da "consultoria" firmada em contratos vultosos com este ou aquele renomado hospital – a cínica "picaretagem" de colégios particulares que, mesmo no auge da pandemia, "deram um jeito" de abarrotar de alunos suas salas mal ventiladas; está o professor, resignado ao retorno presencial e forçado a fazer vista grossa à inevitável quebra dos protocolos sanitários entre os alunos para assim garantir, precariamente, o seguimento das aulas; está o motorista autônomo de van escolar que, sem crianças para levar e sem dinheiro, encontrou uma fonte de renda temporária no transporte de defuntos em meio à alta de óbitos na capital paulista. Isso fica ficar só em alguns exemplos escolares. (Ver Roberto Acê Machado, "Esse ano não tem bandeirinha", *Le Monde Diplomatique Brasil*, 10 fev. 2021; Aline Mazzo, "Vans escolares vão transportar mortos por Covid até cemitérios de SP", *Folha de S. Paulo*, 29 mar. 2021 e, ainda, Carolina Catini, "O brutalismo vai à escola", *Blog da Boitempo*, 13 set. 2020).

87 O papel da viração na reprodução desse colapso sem fim é evidente para o presidente de um instituto de pesquisas, estudioso da chamada "nova classe média brasileira", segundo o qual, "a favela que impediu o Brasil de quebrar na pandemia. 'A pessoa que recolhe lixo, a auxiliar de enfermagem, o cobrador e o motorista do ônibus são moradores de favela. As classes A e B só conseguiram entrar em quarentena porque os moradores de favela continuam trabalhando'" (Henrique Santiago, "Favela S/A", *UOL*, 13 dez. 2020).

88 Victor Hugo Viegas Silva, "O Auxílio Emergencial não acabou em janeiro. Foi acabando aos poucos - e sem chance de defesa", *Crônicas do Titanic*, 28 jan. 2021.

de restrição dos comércios e serviços para conter o vírus – e os trabalhadores informais, agora sem o mesmo amparo econômico, seriam empurrados a uma condição limite. A situação se fez ainda mais alarmante nas regiões turísticas, onde o verão é a chance de constituir uma poupança para o resto do ano.[89]

As numerosas manifestações anti-*lockdown* que ocorreram a partir de dezembro de 2020 tinham uma composição social diferente das carreatas bolsonaristas do começo da pandemia. Diante da determinação judicial que fechou praias, restringiu o comércio e baniu turistas a poucos dias do *réveillon*, a cidade de Búzios foi tomada por protestos: centenas de pessoas cercaram o fórum até a medida cair. Em Angra dos Reis, trabalhadores bloquearam a Rodovia Rio-Santos e lojistas ocuparam o prédio da prefeitura contra endurecimento das restrições.[90] Ao redor do país, pequenos patrões se misturaram nas ruas com seus funcionários, mas também com camelôs, artistas, feirantes, mototaxistas, músicos, motoristas de aplicativo etc. Esse movimento não deixava de exprimir uma reação ao fim do auxílio emergencial, revertida, entretanto, para a órbita do bolsonarismo, ao mirar as medidas sanitárias dos governos locais. No Amazonas, onde 52% da força de trabalho é informal, o decreto de *lockdown* de 23 de dezembro vetava expressamente a "venda de produtos por ambulantes" e "feiras e exposições de artesanato".[91] Ele seria revogado três dias depois, após uma manifestação escapar do controle de seus organizadores e desencadear uma noite de barricadas em Manaus.[92]

---

[89] Para uma observação sobre o papel de novas tecnologias, do Airbnb ao *internet banking*, na viração praieira durante esse "período de ultravalorização temporária dos terrenos", ver Três trabalhadores de férias, "Uma tarde na praia", *Passa Palavra*, 28 jan. 2019.

[90] Victor Hugo Viegas Silva,, "A revolta de Búzios contra o lockdown e a conexão evangélica x #AglomeraBrasil (2)", *Crônicas do Titanic*, 4 jan. 2021.

[91] "Decreto N.º 43.234, de 23 de dezembro de 2020", *Diário Oficial do Estado do Amazonas*, 23 dez. 2020.

[92] Victor Hugo Viegas Silva, "A revolta popular de Manaus e os dilemas do lockdown (3)", *Crônicas do Titanic*, 6 jan. 2021.

E foi justamente nas semanas seguintes que o mundo inteiro assistiu aflito às notícias de mortes por falta de oxigênio nos hospitais amazonenses, assolados por uma variante nova e mais contagiosa do vírus. Como sustentar uma reivindicação cuja consequência evidente é a morte de mais gente? Nas palavras de um motorista de aplicativo que organizava os protestos, o movimento "não é dirigido por negacionistas, todos sabem que a doença existe e infelizmente muitas pessoas morreram", mas "precisamos conviver e desenvolver meios ou estratégias que possam garantir a continuidade de todas as atividades econômicas".[93] Em busca de uma "estabilidade entre economia e saúde", as manifestações convocadas para o auge da catástrofe hospitalar passaram a reivindicar também a distribuição de "kit covid grátis". Em uma nova volta à direita no parafuso, a luta contra o *lockdown* engatava na defesa do chamado "tratamento precoce", referência genérica à prescrição de medicamentos sem eficácia comprovada contra o novo coronavírus (e com eventuais efeitos colaterais nocivos à saúde), mas largamente adotados durante a pandemia no país.

Incentivada pelo presidente em suas lives, ministrada em hospitais públicos e indicada por planos de saúde e médicos particulares, a "profilaxia" com remédios para malária, piolho e vermes disponíveis nas prateleiras das farmácias ainda era, em meados de 2021, reconhecida por quase metade dos médicos brasileiros como útil no combate ao coronavírus.[94] A espantosa capilaridade dessa cura milagrosa, vendida por oportunistas de todo tipo, mais de um ano depois do início da pandemia, era sinal de que seu apelo encontrava eco na linha de frente dos hospitais. Ora, se os "métodos alternativos" nunca foram eficientes para a

---

[93] Serafim Oliveira, "Movimento Todos pelo Amazonas e a Covid-19 - O risco da suspensão das atividades causar perdas econômicas e a ascensão dos movimentos populares", *O Conservador*, 4 jan. 2021.
[94] Segundo levantamento da Associação Brasileira de Médicos, 34,7% dos médicos ainda acreditavam em alguma eficácia da cloroquina em junho de 2021, e 41,4% confiavam na utilização de ivermectina para o tratamento ou a prevenção da covid-19. (Paula Felix, "Pesquisa diz que 1/3 dos médicos ainda acredita na cloroquina, comprovadamente ineficaz contra covid", *O Estado de S. Paulo*, 2 fev. 2021).

recuperação dos enfermos, certamente o eram para fornecer algum alento a pacientes desesperados e aliviar a impotência dos próprios trabalhadores da saúde, à beira do burnout diante daquela doença desconhecida e mortal. De alternativas improvisadas na crise, tais procedimentos se popularizaram precisamente como um "Protocolo de Colapso" – título de uma das lives em que médicos paraenses compartilharam sua experiência dramática durante o primeiro semestre de 2020. Quando "as redes hospitalares de Belém colapsaram e as farmácias ficaram sem estoque de remédios",

> os médicos tiveram que improvisar para salvar a vida dos pacientes. Abundam nas *lives* relatos de casos, experiências dos planos de saúde e das clínicas públicas, que confirmariam que o tratamento precoce salva vidas, e que sugerem que quem não teve acesso ao tratamento levou a pior. (...) Ao mesmo tempo, os casos que acabam vindo a óbito são encarados como naturais: afinal, "nenhum tratamento é infalível".[95]

Em fóruns fechados no Facebook e no Telegram, médicos compartilhavam resultados de terapias experimentais e caseiras, como a nebulização de comprimidos de hidroxicloroquina em parentes doentes; discutiam como se blindar juridicamente ao realizar esse tipo de procedimento clandestino; organizavam campanhas pelo reconhecimento de seus métodos; e, mais importante, formavam uma imensa rede de profissionais e pacientes. Mais do que uma simples receita – e uma caixinha de graça, para fidelizar –, a prescrição de ivermectina com frequência era acompanhada por um convite para um grupo de WhatsApp.[96]

E num país em que a automedicação é prática generalizada,[97] não espanta que boa parte da população não tenha hesitado em adicionar mais uma cartela à caixinha de remédios. Também para

---

[95] Victor Hugo Viegas Silva, "'A culpa não é nossa' e 'precisamos fazer alguma coisa agora': Entre a luta do lockdown e o tratamento precoce há um fio tênue", *Crônicas do Titanic*, 12 abr. 2021.
[96] Victor Silva, "O que dizem no WhatsApp médicos a favor da cloroquina", *Folha de S. Paulo*, 19 jun. 2021.
[97] "Automedicação é um hábito comum a 77% dos brasileiros", *G1*, 13 mai. 2019.

os demais trabalhadores atormentados todos os dias pelo medo do contágio – rodeados pela morte de conhecidos, amigos e familiares e forçados a assumir o risco cotidianamente em ônibus lotados[98], escritórios e refeitórios fechados – o movimento do "tratamento precoce" constituiu uma "comunidade" de cuidado e segurança, uma macabra rede de apoio mútuo, que lhes oferecia algum suporte para manter a sanidade em meio ao caos. Assim como para os profissionais da saúde, a crença no "kit covid" funciona como mecanismo de defesa subjetivo para "tolerar o intolerável": o sofrimento do trabalho no novo normal.[99] O dispositivo ajudou a aplacar o desespero e a suportar o medo num contexto de aprofundamento dramático da experiência negativa do trabalho, do qual não era possível desertar. Nesse sentido, o recurso generalizado aos medicamentos sem eficácia comprovada parece ter tido menos a ver com uma recusa ideológica às conhecidas medidas de combate à pandemia do que com o sofrimento gerado por sua inviabilidade. O engajamento dos próprios pacientes – de fato ou em potencial – na causa dos "remédios que salvam vidas" não apenas se somou às estratégias de defesa psíquica de milhares de pessoas obrigadas a desrespeitar os mais básicos protocolos sanitários para sobreviver, mas conformou um sentido político para a indiferença a que a necessidade as compelia.[100]

Enquanto muitos médicos aderiam voluntariamente à causa do "tratamento precoce", outros eram coagidos a receitá-lo e tomar parte nesse tenebroso "campo de experimentação e difusão da

---

[98] Na pandemia, os ônibus são, mais do que nunca, veículos da morte: em São Paulo, quem morre mais é "quem saiu para trabalhar e realizou percursos longos de transporte coletivo" como mostram Raquel Rolnik e outros, "Circulação para trabalho explica concentração de casos de Covid-19", *LabCidade*, 30 jun. 2020.

[99] Ver Christophe Dejours, *A banalização da injustiça social*, São Paulo, FGV, 2000.

[100] O discurso tachado de "negacionista" e suas panaceias estão em sintonia com um mundo em que a "desigualdade torna a quarentena um luxo insustentável para os mais pobres", como observou Rodrigo Nunes. "Se em outros tempos o sacrifício era apresentado como uma maneira de melhorar de vida, ele agora é um fim em si mesmo. (...) há um sentido em que é possível afirmar que as fantasias da extrema direita oferecem, ainda que de forma irracional, uma resposta razoável à insanidade que estamos atualmente construindo. Reduzir o poder que essas fantasias têm de falar às pessoas a mero efeito das *fake news* é uma tentativa de negar esse fato fundamental." ("O presente de uma ilusão: estamos em negação sobre o negacionismo?", *Piauí*, mar. 2021).

crueldade social"[101]. Submeter pacientes a pesquisas experimentais sem seu consentimento, receitar o "kit covid" para adiar internações ou adiantar a liberação de leitos prescrevendo "altas celestiais" (isto é, o desligamento dos equipamentos e a administração de um "tratamento paliativo")[102] era um trabalho sujo necessário para fechar as contas de um punhado de operadoras de saúde, numa sombria demonstração de como a perversidade pode se converter em sistema de gestão.[103]

Logo se vê que a calamidade verde-amarela servia, em múltiplas frentes, como laboratório avançado de gestão do colapso. Para aquela que poderia ser, segundo o general Edson Pujol, a missão mais importante de sua geração, o Exército Brasileiro ampliou em cem vezes a produção de cloroquina nas suas instalações, depois de efetuar uma imensa compra de insumos.[104] Na batalha contra o vírus, os mecanismos de defesa subjetiva representavam armas de defesa nacional numa operação que as Forças Armadas admitiram ser essencialmente psicológica: mais do que uma cura para a doença, diz um ofício

---

[101] Paulo Arantes, "Sale boulot", cit., p. 109. No segundo semestre de 2021, trabalhadores da Prevent Senior vieram a público denunciar uma série de práticas irregulares que eram forçados a adotar no tratamento de pacientes com covid-19. A empresa ocupa um nicho de mercado formado pelos idosos que não podem arcar com os valores exorbitantes dos planos de saúde para a faixa etária, mas reservam como podem seus recursos para garantir assistência médica privada. Com tarifas reduzidas e um público-alvo que demanda serviços hospitalares com maior frequência, a companhia sempre recorreu a "jeitinhos" capazes de evitar ou adiar procedimentos dispendiosos para manter a lucratividade. Durante a pandemia, que se abateu mais fortemente sobre os mais velhos, essas práticas ganhariam contornos ainda mais macabros. Outras operadoras, como a HapVida e algumas unidades da UniMed, também foram denunciadas. Além das reportagens da época, ver o *podcast* "Prevent Senior não deveria ter sido aberta, diz especialista", com entrevista de Ligia Bahia por Maurício Meireles e Magê Flores, *Café da manhã*, Folha de São Paulo, 11 out. 2021.

[102] Arthur Rodrigues, "Direção da Prevent cobrava 'altas celestiais' para liberar leitos a pacientes VIP, diz advogada em CPI", *Folha de S. Paulo*, 21 out. 2021.

[103] "O 'mal' se representaria hoje como um sistema de gestão, como um princípio organizacional: das empresas, dos governos, de todas as instituições e atividades, em suma, que, organizadas segundo esse mesmo princípio, foram se convertendo em centros difusores de uma nova violência e incubadoras de seus agentes, os ditos colaboradores do nosso tempo." (Paulo Arantes, "Sale Boulot", cit. p. 102).

[104] Exército Brasileiro, "Mensagem do Comandante do Exército - COVID-19", *YouTube*, 24 mar. 2020.

do Exército, tratava-se de "produzir esperança a milhões de corações aflitos com o avanço e os impactos da doença no Brasil e no mundo".[105]

Que o esforço de guerra exigido pela pandemia escaparia aos padrões de um combate convencional, sempre foi evidente para a cadeia de comando global do enfrentamento ao novo vírus: "mais do que uma guerra, trata-se de uma guerrilha", anunciou uma diretora da Organização Mundial de Saúde ainda em março de 2020. A declaração ecoa o paradigma de conflito irregular que há muito norteia os manuais militares, atentos à multiplicação de disputas assimétricas e fragmentadas, nas quais não é possível distinguir claramente as forças em confronto como no modelo clássico de "dois exércitos nacionais, um contra o outro". E a perda de forma da guerra contemporânea – que assume cada vez mais um "caráter informal, dinâmico, flexível", como explica um coronel brasileiro[106] – talvez não seja estranha à perda de forma do trabalho, mas um indício de que a própria fronteira entre guerra e trabalho se esfumaçou...

Nova moda nas academias militares ao redor do mundo, o jargão da "guerra híbrida" descreve o embaralhamento entre operações de combate militar – abertas ou dissimuladas, conduzidas por forças terceirizadas – e engajamento de multidões civis nas redes sociais e nas ruas, a exemplo do que ocorreu ao longo da última década na Síria ou na Ucrânia.[107] Não deixa de ser curioso que uma outra

---

[105] Lisandra Paraguassu, "Em ofício, Exército defendeu sobrepreço de 167% em insumos da cloroquina por necessidade de 'produzir esperança'", *Reuters*, 22 dez. 2020.

[106] Alessandro Visacro, *Guerra Irregular*, São Paulo, Contexto, 2009. Com a experiência em campo no Haiti e nas favelas brasileiras, o oficial atualizou sua reflexão em *A guerra na Era da Informação*, São Paulo, Contexto, 2019.

[107] Antes de ganhar novamente as manchetes com a escalada do conflito na Ucrânia, a expressão "guerra híbrida" se difundiu em meio à onda de protestos nos países árabes, a partir de 2011, e passou a ser amplamente utilizada por governantes e analistas para reduzir as convulsões sociais cada vez mais frequentes ao redor do planeta a obscuros complôs geopolíticos (ver Jonas Medeiros, "'Guerras Híbridas', um panfleto pró-Putin e demofóbico", *Passa Palavra*, 28 jan. 2020). Se o discurso sobre uma "guerra híbrida" conduzida por agências do imperialismo *yankee* tem amparado a fantasia oficial da esquerda sobre o processo político brasileiro pós-2013, o antropólogo Piero Leirner observou como a mesma noção corre com sinal invertido no interior das Forças Armadas – preocupadas com um suposto projeto oculto de hegemonia cultural conduzido pela esquerda "gramscista" desde a década de 1980 no país. O pesquisador sustenta que nos últimos anos o próprio Exército Brasileiro passou a se orientar pelos princípios do conflito híbri-

combinação entre a gestão algorítmica de multidões e a coerção direta exercida por operadores subcontratados descreve o regime de trabalho de parte dos entregadores de aplicativos. Entre *softwares* e feitores, descobrimos uma gestão "híbrida" do trabalho?

Não são menos "híbridos" os contornos que a administração de territórios e populações cada vez mais ingovernáveis vem assumindo por aqui: é difícil distinguir os insurgentes das forças da ordem, e governar se confunde com demolir. Em sua bem sucedida operação de garantia da lei e da ordem num país em colapso, o governo federal contou com uma imensa rede de difusão do "tratamento precoce", com movimentos sociais pela reabertura do comércio, das igrejas e das escolas, e com doações comunitárias e empresariais para os mais vulneráveis, sem jamais dispensar, contudo, o poder de fogo dos esquadrões oficiais e extraoficiais: as polícias brasileiras estabeleceram um novo recorde de letalidade no primeiro ano da pandemia.[108]

No fim das contas, o temor que levara o Congresso a defender um auxílio emergencial mais alto e mais amplo do que qualquer outro programa do tipo no país já não se justificava: a capacidade da população "de se virar em situações de crise"[109] transformou o cenário devastado em "novo normal", mesmo com a renda do trabalho em queda livre, a inflação nas alturas e o aumento vertiginoso da fome[110]. Diante disso, o pagamento do auxílio seria retomado depois de meses de indefinição, em patamares mais "realistas" – com alcance reduzido e valores inferiores –, e finalmente substituído por uma repaginação do Bolsa Família e linhas de

---

do para dirigir uma campanha doméstica, na qual a eleição de 2018 representaria um episódio chave (*O Brasil no espectro de uma guerra híbrida*, São Paulo, Alameda, 2019).

108 As polícias brasileiras assassinaram 6.416 pessoas em 2020. Dentre as vítimas, 78,9% eram negros. O ano de 2021 começou com a segunda maior chacina da história do Rio de Janeiro, levada a cabo pela polícia civil na favela do Jacarezinho. Ver Fórum Brasileiro de Segurança Pública, *15º Anuário Brasileiro de Segurança Pública*, 2021.

109 Como aquele mesmo presidente de um instituto de pesquisas descreve o "ímpeto empreendedor" da favela (Henrique Santiago, "Favela S/A", cit.).

110 Leonardo Vieceli, "Pandemia empurra 4,3 milhões para renda muito baixa nas metrópoles brasileiras", *Folha de S. Paulo*, 6 jul. 2021.

crédito especial[111]. Recalibrada, a política de transferência de renda segue funcionando como "capital de giro" da viração (ali onde é por definição impossível separar o que é dinheiro "de caixa e o que é de casa"[112]) no arsenal dessa mobilização total para o trabalho.

Mesmo apartada dos riscos do *front*, a experiência do confinamento em casa – em regime de teletrabalho, assistindo a aulas remotas, sem emprego ou até monetizando seu desempenho em *games* – não escapou do esforço de guerra. Por um lado, o isolamento social aprofundou a cisão histórica entre os contingentes qualificados e os demais trabalhadores, já que a segurança do *home office* não era uma opção para mais de 80% da população ocupada.[113] Por outro, a improvisação do escritório ou da sala de aula dentro de casa, arcando com custos que outrora caberiam aos empregadores, indica que características da informalidade têm atravessado todos os estratos da força de trabalho. De resistências silenciosas ao regime de vigilância e sobrecarga do ensino remoto[114]

---

[111] Wellton Máximo, "Beneficiários do Auxílio Brasil terão acesso a crédito especial", *Agência Brasil EBC*, 12 ago. 2021.

[112] "Não adianta dizer para o favelado separar o que é [dinheiro] de caixa e o que é de casa. Se for juntar dinheiro para empreender, não vai juntar nunca", explica Celso Athayde, CEO da Favela Holding (Henrique Santiago, "Favela S/A", cit.).

[113] Entre maio e novembro de 2020, a média de pessoas trabalhando de forma remota ou afastadas devido ao distanciamento social correspondeu a 17,6% da população ocupada no Brasil (cerca de 14,5 milhões de pessoas). Os trabalhadores que puderam exercer suas atividades laborais à distância "foram majoritariamente compostos por pessoas com escolaridade de nível superior completo. Com menor intensidade, mas ainda responsável pela maioria das pessoas em *home office*, tem-se o gênero feminino, a cor/raça branca, a faixa etária de 30 a 39 anos e o vínculo empregatício com o setor privado". Também "observa-se, tanto para o setor privado quanto para o público, uma forte participação dos profissionais de ensino" (Geraldo Sandoval Goés e outros, "Trabalho remoto no Brasil em 2020 sob a pandemia do Covid-19: quem, quantos e onde estão?", *Carta de Conjuntura*, n. 52, IPEA, 2021).

[114] A implementação emergencial do ensino remoto esbarrou em sérios obstáculos materiais e sociais, como a falta de estrutura e equipamentos nas casas dos alunos ("Ensino remoto na pandemia: os alunos ainda sem internet ou celular após um ano de aulas à distância", *BBC Brasil*, 3 mai. 2020). Ao mesmo tempo, acelerou um processo de reestruturação do trabalho docente que já estava em curso, acirrando tensões, como registram os depoimentos de professores das redes privada e pública reunidos pelo boletim *A Voz Rouca* durante os primeiros meses da pandemia ("Diários de Quarentena", *Passa Palavra*, 25 mai. 2020 e Professores Autoconvocados, "Pequeno manual de resistência no EaD", *Passa Palavra*, 28 abr. 2020, sobre a reestruturação produtiva na educação básica e no ensino superior ver, por exemplo, Carolina Catini, "O trabalho de educar numa sociedade sem futuro", *Blog da Boitempo*, 6 jun. 2020). Do outro lado da chamada de vídeo, os estudantes que conseguiam se conectar também testavam sua margem de ação num ambien-

até inusitadas greves de *streamers*[115], as tensões desse teletrabalho disforme entre quatro paredes também produziram conflitos ao longo da pandemia. Diluída a fronteira entre os espaços de trabalho e descanso, a vida em quarentena é pressionada por uma cobrança incessante para se manter produtivo – entre cursos *online* para melhorar o currículo e exercícios físicos para manter a forma – "em uma mistura de ritmo de matadouro com *lives* sobre os desafios da paternidade e ensinamentos sobre 'como viver sozinho e permanecer feliz'"[116].

Nas ruas ou em casa, quem atravessa a vida como uma guerra, "trabalhando no compasso da morte" – sucumbindo um pouco a cada dia – já está meio morto. E "não há como fazer *lockdown* de mortos-vivos: eles atravessam barreiras, não se importam em morrer novamente"[117]. Mas o apocalipse zumbi, na cosmologia hollywoodiana, é também a imagem da insurreição.[118]

Abandonai toda esperança

Nas mesmas semanas em que se espalhou a convocatória de uma nova greve nacional de caminhoneiros, marcada para o dia 1º

---

te transformado, criando "novas formas de sabotagem escolar no EAD" (para uma compilação de algumas dessas táticas por "uns mal educados", ver o *Boletim do GMARX-USP*, n. 22, 14 mai. 2020). Foi também por meio de ferramentas *online* que professores das redes públicas organizaram greves, já em 2021, para boicotar o retorno presencial às salas de aula antes da vacinação. Durante a segunda onda, carreatas de docentes grevistas e protestos de motoboys chegaram a se juntar em São Paulo – apesar do abismo de realidades e de linguagem, faixas de ambos os lados convergiam na reivindicação da vacina (João de Mari, "Professores e entregadores de app se unem em greve contra retorno presencial e pedem vacina contra a Covid", *Yahoo! Notícias*, 16 abr. 2021).

115 Em agosto de 2021, *streamers* e *viewers* da plataforma Twitch, adquirida em 2014 pela Amazon e amplamente utilizada para a transmissão ao vivo de partidas e campeonatos de *games*, se uniram para um dia de "apagão" do serviço, contra a redução de 66% no valor das *subs* (isto é, do pagamento) dos canais brasileiros. Como nos movimentos de entregadores de *app*, as reivindicações desses produtores de conteúdo uberizados fugiam à gramática trabalhista de esquerda, criticando os projetos de regulamentação e a carga de impostos (ver Alexandre Orrico e Victor Silva, "Por dentro da greve de streamers da Twitch no Brasil", *Núcleo*, 23 ago. 2021).
116 Vladmir Safatle, "Não falar", *El País*, 10 ago. 2020.
117 Isadora Guerreiro, "Lockdown: o problema e o falso problema", *Passa Palavra*, 15 mar. 2021.
118 Comitê Invisível, *Aos nossos amigos: crise e insurreição*, São Paulo, N-1, 2016.

de fevereiro de 2021, circulava nos grupos de WhatsApp da categoria o vídeo de um motorista que se enforcara ao lado de seu veículo, numa árvore à beira da estrada. A cena era compartilhada com mensagens de luto e de alerta para a situação desesperadora dos transportadores autônomos, encurralados entre fretes baixos e sucessivos aumentos dos custos de rodagem, especialmente do combustível. A despeito disso, o movimento não teve nem de longe a mesma força que a paralisação de maio de 2018, quando o abastecimento de todo o país foi asfixiado em poucos dias e o governo, apavorado, ofereceu algum alívio imediato, com medidas que perderiam o efeito nos anos seguintes.[119] Sem a composição ampla – e ambígua – da mobilização anterior, que envolveu motoristas com veículo próprio, donos de pequenas frotas e grandes transportadoras, a ebulição do início de 2021 se resumiu a iniciativas dispersas de caminhoneiros autônomos, que tentaram bloquear trechos de diversos estados, mas foram rapidamente desarticulados pela polícia rodoviária.[120]

Ainda que a greve não tenha deslanchado nas estradas, a agitação contagiou trabalhadores que também dependem diretamente do combustível para ganhar a vida nas cidades. Entre fevereiro e abril, manifestações de motoboys, motoristas de aplicativos e de vans escolares, além de novos protestos de caminhoneiros, ocorreram quase diariamente por todo Brasil, dando contornos insurrecionais às ruas com circulação reduzida pelo pico da segunda onda do coronavírus no país. Esse movimento de trabalhadores motorizados travou rodovias e centros de distribuição da Petrobrás; lotou postos de gasolina, com a tática de abastecer apenas um real para formar filas e dar preju-

---

119 O documentário *Bloqueio* (dir. Victória Álvares e Quentin Delaroche, 2018) retrata a atmosfera daqueles dias de interrupção dos fluxos, que talvez anunciassem algo do que viria pela frente. Ver também o artigo escrito no calor do momento por Gabriel Silva, "A greve dos caminhoneiros e a constante pasmaceira da extrema esquerda", *Passa Palavra*, 28 mai. 2018.
120 Raquel Lopes, "Greve dos caminhoneiros tem baixa adesão e poucos problemas nas rodovias até o início da tarde", *Folha de S. Paulo*, 01 fev. 2021. Um dos instrumentos utilizados para desarticular a mobilização nas estradas, a infração por "usar o veículo para interromper, restringir ou perturbar a circulação na via", punida com uma multa exorbitante e suspensão da CNH, foi criado pelo governo da presidente Dilma Rousseff para combater os protestos de caminhoneiros pelo *impeachment* em 2015 e também é frequentemente empregado para reprimir o movimento dos entregadores.

ízo aos revendedores; reacendeu a organização de protestos e paralisações de entregadores; e impulsionou a maior carreata de motoristas de aplicativos de passageiros da história de São Paulo, que interditou o acesso ao Aeroporto Internacional de Guarulhos por uma noite inteira para exigir o fim de modalidades de corrida mal remuneradas.[121]

Na era da uberização, a inflação – que tradicionalmente se traduzia em reivindicações ao redor do custo de vida – provoca, em primeiro lugar, mobilizações mirando os custos de trabalho, isto é, lutas para "poder trabalhar". A reprodução da força de trabalho se transforma em administração da microempresa de si mesmo, daí a aproximação frequente entre os protestos contra a alta dos combustíveis e as campanhas anti-*lockdown* de comerciantes nos primeiros meses do ano. Para muitos, as greves foram o último recurso antes de abandonar a peleja e entregar as armas, ou melhor, antes de devolver o carro à locadora (em algumas cidades, associações de motoristas de aplicativo estimam que mais da metade dos cadastrados nas plataformas desistiram de continuar rodando ao longo de 2021).[122]

Entre a crescente inviabilidade financeira do trabalho autônomo, de um lado, e o desmoronamento do emprego formal, de outro, não há para onde fugir. A única alternativa é seguir na correria sem fim, se virando em condições mais e mais adversas. Essa sensação de confinamento a um trabalho exaustivo e sem futuro encontra eco do outro lado do globo, sintetizada pela palavra da vez entre os usuários das redes sociais chinesas "para descrever os males de suas vidas modernas": *nèijuǎn* (内卷).[123] Antes de entrar na moda no país mais populoso do mundo, em meados de 2020, o termo era usado por estudiosos para traduzir o conceito de "invo-

---

121 Alvo de críticas e boicotes de motoristas ao longo de todo ano, as modalidades Uber Promo e 99 Poupa foram extintas no fim de 2021. Para um relato da onda de protestos ao redor dos combustíveis no primeiro semestre, ver Comrades in Brazil, "Petrol in the Pandemic: short report of motorised workers' protests in Brazil", *Angry Workers of the World*, 29 mai. 2021.
122 Ver Akemí Duarte, "Combustível caro faz motoristas abandonarem apps de corrida", *R7*, 14 jul. 2021, "30% dos motoristas por aplicativos abandonam a função em Campinas e região", *Digital*, 18 mar. 2021, Jael Lucena, "Motoristas de aplicativo devolvem carros às locadoras após decreto no AM", *D24am*, 22 jan. 2022.
123 Wang Qianni e Ge Shifan, "How One Obscure Word Captures Urban China's Unhappiness", *Sixth Tone: Fresh voices from today's China*, 4 nov. 2020.

lução", uma dinâmica de estagnação de sociedades agrárias – mas também das grandes cidades da periferia do capitalismo global – nas quais a intensificação do trabalho não se reflete em modernização.[124] "Composta pelos caracteres 'dentro' (內) e 'rolo' ou 'rolar' (卷)" a expressão pode ser "intuitivamente entendida como algo no sentido de 'virar para dentro'".[125] Enquanto "desenvolvimento", em português, carrega a imagem de um desenrolar para fora, em direção a algo, *nèijuan* sŭgere um parafuso que gira em falso sobre si mesmo. Um movimento incessante, mas sem sair do lugar. – Não é isso, afinal, a eterna viração de cada dia? Reverberando o desespero da experiência cotidiana de estudantes e trabalhadores nas metrópoles chinesas, o termo condensa

> a sensação de estar preso em um ciclo miserável de trabalho exaustivo que nunca é suficiente para alcançar a felicidade ou melhorias duradouras, do qual ninguém pode sair sem cair em desgraça. Eles sentem isso quando reclamam que a vida parece uma competição sem fim e sem vencedores, e sonham com o dia quando finalmente vencerão. Mas esse dia nunca chega. As dívidas se acumulam, os pedidos de ajuda são ignorados, as opções restantes começam a diminuir. Em um tempo de involução, quando mesmo as menores reformas parecem impossíveis, tudo o que resta são medidas desesperadas.[126]

---

[124] "De forma (...) prosaica, a 'involução' agrícola ou urbana pode ser descrita como o aumento incessante da auto-exploração da mão-de-obra (mantendo fixos os outros fatores), que continua, apesar da redução do rendimento, enquanto produzir algum retorno ou incremento", escreve Mike Davis, retomando o conceito do antropólogo Clifford Geertz, em seu estudo sobre "a involução urbana e o proletariado informal" (Mike Davis, "Planeta de favelas" em Emir Sader [org.], Contragolpes, São Paulo, Boitempo, 2006). "Tais sociedades precisam correr mais e mais rápido – apenas para se manter no mesmo lugar e não escorregar" ("China: Neijuan 内卷", Wildcat, n. 107, 1 abr. 2021).

[125] "'Neijuan' tornou-se agora o termo que os chineses metropolitanos usam para descrever os males de suas vidas modernas, seu senso de pisar freneticamente as águas em uma sociedade hipercompetitiva. Competição intensa com baixas chances de sucesso, seja nos exames do ensino médio, no mercado de trabalho (ou no casamento!), ou quando se trabalha horas extras loucas. Todos têm medo de perder o último ônibus – e ainda assim sabem que ele já partiu." ("China: Neijuan 内卷", Wildcat, cit., grifo nosso).

[126] Assim como os episódios relatados na sequência, o trecho é de "Bombing the Headquarters", *Chuang*, mai. 2021.

Se algo desse desespero atravessa os movimentos de motoristas autônomos no Brasil, ele assume feições ainda mais dramáticas nas ruas e nas estradas chinesas. Em janeiro de 2021, um entregador a quem o aplicativo se recusava a pagar o que devia pôs fogo no próprio corpo em frente a sua estação de *delivery* em Taizhou. Em abril, um caminhoneiro que teve o veículo apreendido pela polícia por sobrepeso em Tangshan tomou um frasco de pesticida e enviou uma mensagem de despedida aos colegas de rodagem pelas redes sociais. No mesmo mês em que um cadeirante de São Caetano do Sul amarrou explosivos falsos ao corpo e ameaçou mandar uma agência do INSS para os ares se não tivesse acesso a sua aposentadoria por invalidez,[127] o morador de uma vila do distrito de Panyu, no sul da China, onde o Estado expropriara as terras coletivas para vendê-las a empresas de turismo, foi às vias de fato no prédio do governo local: com bombas reais, explodiu a si mesmo e a cinco funcionários. Demitido no início de julho, um pedreiro invadiu a casa do ex-patrão no litoral de Santa Catarina, manteve sua família refém por dez horas e terminou assassinado pela polícia ao liberá-los.[128] E a pandemia representaria ainda mais pressão e desespero, como fica patente no caso do homem que jogou o carro contra a recepção de um pronto socorro público superlotado da região metropolitana de Natal depois que o atendimento de sua esposa, infectada por covid, foi negado.[129]

Quando um policial militar da Bahia abandonou o posto e dirigiu sozinho por mais de 250 quilômetros até o Farol da Barra, ponto turístico de Salvador, onde disparou tiros de fuzil para o alto, em meio a gritos contra a violação da "dignidade" e da "honra do trabalhador", seu surto foi celebrado nas redes anti-*lockdown* como um gesto heroico contra as "ordens ilegais" dos governadores.[130] O fim trágico do sol-

---

[127] "Cadeirante ameaça explodir agência do INSS com bomba falsa em SP", *UOL*, 16 mar. 2021.
[128] Carolina Fernandes, "Homem demitido invade casa de ex-chefe e faz família refém no Sul de SC, diz polícia", *G1*, 5 jul. 2021.
[129] "Em Parnamirim (RN), homem joga carro contra UPA após ter atendimento negado", *Diário de Pernambuco*, 22 mar. 2021.
[130] João Pedro Pitombo, "Morre policial baleado após dar tiros para o alto e contra colegas no Farol da Barra, em Salvador", *Folha de S. Paulo*, 28 mar. 2021.

dado, morto em tiroteio pelos próprios colegas, foi usado por deputados da extrema direita para incitar um motim na tropa. A carreata de policiais que partiu do local no dia seguinte, contudo, encontrou o trânsito congestionado por outra manifestação: eram motoboys que denunciavam a morte de um entregador atropelado por um motorista que dirigia bêbado pela contramão na noite anterior. Unidos acidentalmente pelo luto por companheiros caídos em uma guerra social sem forma definida, os atos convergiram em direção à sede do governo estadual.[131]

Ao mesmo tempo em que agrava a crise, ou melhor, alarga a fossa em que há décadas nos debatemos sem sair do lugar, a política de terra arrasada de Bolsonaro o habilita a mobilizar o desespero, em investidas suicidas, sob a promessa de uma *decisão*[132] – de um "tiro final"[133]. Por mais que o descontentamento com o aumento dos combustíveis tenha arranhado o apoio do presidente em uma de suas principais "bases" (os caminhoneiros), o bolsonarismo continuou sendo a principal força política com alguma capacidade de disputar a turbulência social destes tempos apocalípticos, agindo para conformar as mais diversas insatisfações numa "revolta dentro da ordem"[134], desviando-as para atacar os alvos da vez no interior das instituições – sejam eles os prefeitos, os governadores, o judiciário, a mídia, a vacina ou a urna eletrônica – ou simplesmente mimetizando as lutas concretas em rituais estéticos, como os passeios de moto dominicais.

---

131 Gil Santos, "Grupo faz protesto no Farol da Barra após morte de PM", *Correio*, 30 mar. 2021.
132 Ver Felipe Catalani, "A decisão fascista e o mito da regressão: o Brasil à luz do mundo e vice-versa", *Blog da Boitempo*, 23 jul. 2019.
133 "Foi um tiro final, vamos ver o que que vai dar", explicava um morador do extremo sul de São Paulo no dia seguinte à eleição de Bolsonaro em outubro de 2018. Seis meses depois, outro morador afirmava aos mesmos entrevistadores: "eu vejo o país como uma fossa, um buraco. Todo presidente entrava, tinha um buraco, tampado de concreto. Passava quatro anos, e 'ó, o buraco tá aí: quer resolver o problema, resolve, ou tampa também'. Aí veio nosso presidente, tampou, brigou pra poder aprovar a Dilma no poder, pra tampar a fossa. Quando a Dilma saiu, entrou o Temer, tentou tampar a fossa, mas ferrando a Dilma. Quando Temer saiu, o Bolsonaro chegou, e sabe o que ele fez? Quebrou a tampa da fossa. E ele tá errado? Ele tá certo. Essa fossa vem antes do Fernando Henrique, é um buraco muito grande. Então meu, ele só furou o buraco da fossa. Não cabe mais merda na fossa, já tá tudo estourado. Eu penso assim." (Carolina Catini e Renan Santos, "Depois do fim", *Passa Palavra*, 1 nov. 2018 e "Apesar do fim", *Passa Palavra*, 10 jun. 2019).
134 Trata-se da fórmula sintética usada por João Bernardo para definir o fundamento do fascismo (*Labirintos do Fascismo*, 3ª versão, revista e aumentada, 2018).

No auge do turbilhão, o Supremo Tribunal Federal trouxe de volta ao tabuleiro uma peça decisiva que os mesmos juízes haviam retirado do jogo alguns anos antes. Ao anular as condenações de Lula e habilitá-lo a disputar eleições novamente, a decisão sinaliza que talvez não seja possível conter as investidas da insurgência bolsonarista sem recorrer ao comandante da grande operação de pacificação que vigorou quase incontestada até o abalo de junho de 2013, na expectativa de que tudo funcione de novo. Cabe perguntar, contudo, "qual tecnologia ele terá às mãos para apassivar" uma massa urbana numa trajetória acelerada de "proletarização descendente" em meio à atual escalada da guerra social.[135] Por mais que a manobra do judiciário reanime na esquerda a vã esperança de restaurar os direitos desmantelados, os formuladores do programa econômico petista para 2022 não só reconhecem a perda de forma do trabalho como fazem coro com os executivos do iFood para "tirar os trabalhadores de plataformas digitais do limbo regulatório",[136] o que "não quer dizer enquadrar na velha CLT, mas também não é deixar como está hoje".[137]

"Um novo governo Lula significará, na melhor das hipóteses, que as pessoas poderão continuar trabalhando de Uber",[138] com a regulamentação da "parceria" entre aplicativo e motoristas e mais "segurança jurídica" para as empresas. E, ainda que o regime incendiário de Bolsonaro forneça um terreno fértil para a expansão de seus negócios, as *foodtechs* brasileiras também não dispensam a *expertise* de diálogo

---

135 Leo Vinícius, "Que horas Lula volta?", *Passa Palavra*, 30 set. 2015.
136 Fabrício Bloisi (presidente do iFood), "Novas regras para novas relações de trabalho", *Folha de S. Paulo*, 21 jul. 2021.
137 Não se trata, pois, de revogar a reforma trabalhista, mas de empreender algo que um articulador da campanha batizou sugestivamente de "pós-reforma", a ser acertada, é claro, por meio da "negociação entre trabalhadores e representantes patronais" (Fábio Zanini, "Regras fiscais precisam ser revistas, diz coordenador econômico de plano do PT", Folha de S. Paulo, 11 jul. 2021 e C. Seabra e C. Linhares, "Petistas procuram Alckmin para desfazer ruído com fala de Lula sobre lei trabalhista", *Folha de S. Paulo*, 10 jan. 2022).
138 "Lula hoje apontou para uma reestatização do que está sendo privatizado da Petrobrás e para preços de combustíveis sem a paridade internacional. Nesse momento muitos caminhoneiros e motoristas de aplicativos estão literalmente parando de trabalhar pela atividade ter se tornado inviável com o preço dos combustíveis. (...) Um novo governo Lula será aquele em que o horizonte de expectativa não deve ser maior do que a da possibilidade de ganhar a vida dirigindo para aplicativos." (Leo Vinícius, 10 mar. 2021).

e mediação de conflitos acumulada no país durante os governos "democrático populares". A fim de minimizar o impacto negativo das paralisações em sua marca, o iFood – que, aliás, celebra "metas de diversidade e inclusão de raça e gênero" dentro de seus escritórios[139] – vem recrutando quadros forjados em ONGs e projetos sociais de periferias para apaziguar a rebelião de seus "parceiros" motorizados.[140] Ao longo do ano de 2021, motoboys envolvidos em paralisações por todo o país foram procurados por um "gerente de comunidade" contratado pela empresa não exatamente para atender reivindicações, mas para dialogar, anunciando a construção de um "Fórum de Entregadores"[141] com *digital influencers* da categoria e supostas lideranças de greves, no melhor estilo das conferências participativas do Brasil de outrora.

Um retorno do ex-metalúrgico ao Palácio da Alvorada deve representar não um momento de reconstrução nacional, mas a chance de aterrar os destroços e consolidar os novos terrenos da acumulação no país, numa normalização do desastre com gostinho de vitória – e por isso mesmo "mais perfeita do que seria possível sob qualquer político conservador"[142]. A expectativa pelas eleições de 2022 aprofunda, assim, o estado de espera de grandes partidos e pequenos coletivos de esquerda, que durante a pandemia encontraram no imperativo do isolamento social uma justificativa para sua quarentena política. Ao encarnar a defesa das recomendações sanitárias, a esquerda em ge-

---

139 "iFood terá 50% de mulheres na liderança e 40% de colaboradores negros até 2023", *iFood News*, mai. 2021 e Pablo Polese, "A política identitária do Ifood", *Passa Palavra*, nov. 2021.
140 Não deixa de ser revelador que um dos principais interlocutores do iFood com os entregadores exiba em seu currículo a passagem por programas em que a "inclusão social" por meio da "arte educação" faz parte de um esforço de "'pacificação' dos jovens e dos territórios mais precarizados", como as Fábricas de Cultura em São Paulo (ver Dany e outros, "Rebelião do público-alvo? Lutas na fábrica de cultura", *Passa Palavra*, 18 jul. 2016).
141 Gabriela Moncau, "iFood assina compromisso com entregadores escolhidos pela própria empresa e não aumenta repasse", *Brasil de Fato*, 16 dez. 2021.
142 Luis Felipe Miguel, "Favorito em 2022, Lula pode normalizar desmonte do país se ceder demais", *Folha de S. Paulo*, 14 ago. 2021. Ao assumir o governo federal no início da década de 2000, o PT desempenhou um papel análogo, completando e aprofundando, com auxílio da sua capilaridade social, o "estado de emergência econômico" implementado nas gestões de seus antecessores e criticado pelo partido enquanto estava na oposição (Ver, por exemplo, Leda Paulani, *Brasil delivery*, São Paulo, Boitempo, 2008).

ral conformou-se à realidade do *home office*, numa espera paralisante de expectativas rebaixadas: a espera pela contagem diária dos mortos, torcendo pela queda da curva; a espera pela chegada das vacinas ao Brasil, seguida pela espera – e pela disputa[143] – por um lugar na fila; a espera pelo fim do "governo Bozo", animada a cada novo impasse com o STF ou depoimento na CPI; em suma, a espera de que o pior passasse e tudo voltasse a ser menos pior, como era antes. Com a melhora nos indicadores da pandemia, em meados de 2021, essa esperança inerte saiu de casa e tornou-se fotografia aérea nas avenidas. Contudo, se as passeatas demonstraram o tamanho do rechaço ao presidente nas principais cidades do país, também tornaram flagrante a impotência dessa oposição. Após reunirem centenas de milhares de pessoas, os atos foram gradativamente minguando, conforme entravam no compasso de espera das entidades organizadoras.

A letargia da esquerda contrasta com a insurgência da extrema direita, que se alimenta da mobilização de quem já não tem expectativa alguma. E se não é possível descartar totalmente uma vitória imprevista de Bolsonaro nas urnas, tampouco se pode desprezar as ameaças de ruptura da ordem, sempre adiadas, de forma a conservar sua militância numa prontidão quase paranoica enquanto mantém a oposição na defensiva, hipnotizada pela iminência do golpe decisivo que nunca chega. A política permanece em transe, numa eterna preparação para um conflito nunca conflagrado que já é, por si mesma, uma tática de guerra no arsenal da gestão "híbrida" de territórios e populações.

Apesar de contar apenas com a multidão fiel de sempre, o exercício de mobilização das tropas no feriado de 7 de setembro represen-

---

[143] Ao longo do primeiro semestre de 2021, assistimos a uma profusão de lutas corporativas pela prioridade na ordem da vacinação. Ora, somente "categorias" claramente identificáveis, ali onde o trabalho na "linha de frente" conserva alguma forma, podem reivindicar um lugar especial na fila. Naturalmente, a prioridade se limitou a trabalhadores concursados, celetistas ou diplomados: professores, policiais, metroviários, motoristas de ônibus, biólogos etc. Para muitos deles, a conquista se revertia logo na volta antecipada ao trabalho presencial – via de regra, antes da imunização completa. Nas palavras de um metroviário, "a vacina virou o novo 'tratamento precoce'. Distribuir vacina ou distribuir cloroquina, para eles tanto faz. O que importa é continuar trabalhando, independentemente se morrem mil ou quatro mil por dia. Na mão dos capitalistas, a vacina é mais uma arma para impor a volta ao trabalho." (Um funcionário do Metrô de São Paulo, "Prioridade para os trabalhadores do transporte?", *Passa Palavra*, 14 abr. 2021).

tou menos um sinal de impotência[144] do que um campo de testes. No dia seguinte, quando as rodovias de quinze estados do país amanheceram bloqueadas por caminhoneiros – que, até então incapazes de sustentar uma mobilização ao redor do valor do frete e dos combustíveis, mostravam força considerável em apoio à investida estratégica do presidente contra as urnas eletrônicas e o STF[145] –, o governo se viu obrigado a reconhecer que a convocatória não passava de um ensaio geral, despertando a ira de muitos manifestantes e deixando entrever um bolsonarismo que já ultrapassa o próprio Bolsonaro. Por dentro ou por fora do Estado, comandada pelo capitão ou não, "a revolução que estamos vivendo"[146] – e que "recoloca a violência, entendida como uso da força armada, na condição de recurso político fundamental" – se fará sentir para muito além de 2022, como anunciam as cenas quase surrealistas do assalto ao Capitólio e a outras casas legislativas estaduais após a derrota de Donald Trump nos Estados Unidos.[147]

Marcada para o dia 11 de setembro, uma nova greve nacional de entregadores de aplicativos chegou a se confundir com as notícias da

---

[144] "Na verdade, a murchidão acabou sendo um importante elemento, um charme" (Eduardo Moura, "'Piroca verde e amarela' do 7 de Setembro é gigante pela própria natureza, diz autor", *Folha de S. Paulo*, 15 set. 2021).

[145] Entre as razões para tamanha diferença entre as tentativas de paralisação frustradas dos caminhoneiros autônomos contra o aumento do combustível e a mobilização em apoio a Bolsonaro, há a suspeita de apoio do agronegócio e de transportadoras, levantada por entidades contrárias aos bloqueios iniciados em 7 de setembro. O áudio do presidente que circulava por grupos de WhatsApp da categoria na manhã seguinte se afastava da retórica explosiva dos dias anteriores e pedia que eles liberassem as estradas para "seguir a normalidade". Enquanto parte das lideranças dos protestos, para quem estava tarde demais para recuar, era deixada à própria sorte, Bolsonaro era acusado de traição nas redes sociais, onde alguns falavam em "*game over*" ("O que se sabe sobre paralisação de caminhoneiros que atingiu 15 Estados", *BBC*, 8 set. 2021 e "'Game over': a decepção e revolta de bolsonaristas com recuo de Bolsonaro", *BBC*, 9 set. 2021).

[146] A expressão é de Bolsonaro, recuperada no artigo de Gabriel Feltran, de onde saiu também a citação seguinte ("Formas elementares da vida política", cit.).

[147] Como notou um observador sagaz, "a visão de invasores assaltando furiosamente o Senado e exigindo que Mike Pence se revele; de um homem em trajes proletários com os pés em cima da mesa no escritório da (...) multimilionária Nancy Pelosi; e da diversão perversa que a maioria deles parecia estar sentindo, fornecem imagens políticas poderosas (...), por mais efêmeras que sejam". "Num país onde a maioria dos cidadãos não vota", onde "a violência desenfreada, o vício, as rotinas de tiroteios em massa e as epidemias de suicídio atestam uma profunda desesperança de que algo pode ser feito para melhorar a vida cotidiana", elas "reafirmam na mente de milhões de pessoas a ideia de que medidas drásticas podem ser tomadas por gente comum" (Jarrod Shanahan, "The Big Takeover", *Hardcrackers*, 7 jan. 2021).

paralisação dos caminhoneiros – menos pelo apoio ao presidente do que pelo significado que a última grande greve daquela outra categoria central do setor logístico adquiriu no imaginário dos motoboys.[148] Sem a mesma repercussão do Breque dos Apps do ano anterior, a greve de 2021 se prolongou, aqui e ali, para além da data marcada. Numa distribuidora de bebidas do *app* Zé Delivery, na zona sul de São Paulo, motoboys decidiram começar a paralisação dois dias mais cedo para cobrar pagamentos atrasados.[149] E em São José dos Campos, no interior de São Paulo, os entregadores continuaram parados pelos cinco dias seguintes, na mais longa greve de aplicativos da história do país até então.[150]

Inspirados em um vídeo em que motoboys da capital encenam passo a passo "como brecar um *shopping*",[151] os entregadores do quinto maior município do estado se dividiram em pequenos grupos para bloquear os grandes estabelecimentos da cidade, enquanto outros circulavam pelas ruas para interceptar fura-greves, além de distribuir água e comida. A cada noite, todos se reuniam numa praça para discutir os rumos do movimento e votar a continuidade da paralisação. Enquanto um aplicativo menor, recém-chegado à cidade, cedeu à pressão anunciando um aumento nas taxas, o iFood organizava uma contraofensiva e prometia uma reunião às lideranças locais, por meio de um seus "articuladores comunitários". A notícia de que a maior plataforma de entrega de comida da América Latina abriria uma negociação – por mais limitada que fosse – diante da heroica persistência dos "trezentos de São José dos Campos", como retratavam *memes* nas redes de motoboys, deu àquela derrota um gostinho de vitória e a transformou num exemplo para os ar-

---

[148] Os bloqueios que pararam o Brasil há três anos são frequentemente evocados como referência pelos entregadores – alguns chegaram a levar alimentos para os grevistas de 2018 e sonham com uma união que interromperia os fluxos nas cidades e rodovias do país. Sobre a greve de 11 de setembro de 2021, ver Treta no Trampo, "Almoço brecado", *Instagram*, 11 set. 2021 e "Teve jantar brecado em SP", *Instagram*, 11 set. 2021.
[149] Treta no Trampo, "Entregadores de aplicativo bloqueiam Zé Delivery Jabaquara", *Instagram*, 9 set. 2021.
[150] Amigos do Cachorro Louco, "Entregadores de app de São José dos Campos completam 6 dias em greve", *Passa Palavra*, 16 set. 2021 e Ingrid Fernandes e Victor Silva, "Como uma greve de entregadores no interior de SP enquadrou o iFood", *Ponte Jornalismo*, 20 set. 2021.
[151] Treta no Trampo, "Manual de como brecar um shopping", *Instagram*, 29 ago. 2021.

redores. Nas semanas seguintes, o interior de São Paulo foi varrido por uma sequência não coordenada de greves, que se prolongariam por vários dias em Jundiaí, Paulínia, Bauru, Rio Claro, São Carlos e Atibaia.[152]

Nos momentos de tensão que marcaram o fim da mobilização em São José dos Campos, porém, as promessas de diálogo se combinaram a outra negociação do iFood com donos de restaurantes e operadores logísticos locais que, em tom de ameaça, fizeram chegar aos motoboys o recado de que a continuidade do movimento poderia levar a "atos de violência" na cidade.[153] Ao recorrer de uma só vez a estratégias de desmobilização participacionistas e milicianas, o maior aplicativo de entregas brasileiro dá indícios a respeito do futuro do país entre Lula e Bolsonaro – ou nos lembra, simplesmente, que pelegos e jagunços sempre se cruzaram na zona cinzenta dos intermediadores populares.[154]

Luta de classes sem forma

Nos primeiros dias de março de 2019, passageiros se depararam com bilheterias fechadas em diversas estações do metrô de

---

[152] Ver Amigos do Cachorro Louco, "Greves de entregadores no interior de São Paulo já completam 7 dias", *Passa Palavra*, 14 out. 2021 e Gabriela Moncau, "Greves de entregadores contra apps de delivery se espalham e já duram dias", *Brasil de Fato*, 11 out. 2021.

[153] Durante a mobilização em São José dos Campos, além de "se desligar de alguns restaurantes sem qualquer aviso" e pressionar estabelecimentos a retomarem as entregas, o iFood ameaçou utilizar supostas "gravações de entregadores reclamando da greve" e fez chegar aos ouvidos dos grevistas "que a polícia poderia começar a comparecer nos locais piquetados" (Renato Assad, "Entregadores de São José dos Campos recuperam métodos históricos de luta e emparedam Ifood", *Esquerda Web*, 24 set. 2021).

[154] "Quando olhamos para os territórios populares, lideranças locais se transformam em intermediários de uma enorme quantidade de relações, regulando desde questões comerciais, domésticas, comunitárias, políticas etc. e sendo, principalmente, centralizadores de demandas e articuladores da comunidade com agentes externos." Como nota Isadora Guerreiro, tais atravessadores são necessariamente figuras ambíguas: ao mesmo tempo em que "são parte da comunidade, se apoiam na sua existência e nas suas redes, precisando mantê-las e incentivá-las", seus interesses econômicos "colocam claros limites a esta parceria". "Não surpreende que, nos relatos do Breque de SJC, os comerciantes apareçam primeiramente como apoiadores e, depois, como deflagradores de uma provável violência se não houver negociação." (Isadora Guerreiro, "Lições do Breque entre a cidade e o trabalho", *Passa Palavra*, 27 set. 2021).

São Paulo. Não era de todo estranho, já que dores de cabeça com o sistema de recarga de cartões são parte da rotina de quem usa o transporte público na cidade. Aquilo que do lado de fora das cabines parecia mais um problema técnico era, entretanto, um movimento invisível dos bilheteiros terceirizados contra descontos ilegais nos salários, entre outros expedientes ilícitos utilizados com frequência pela prestadora de serviços para reduzir seus gastos com pessoal.[155] "Explorando o limite ambíguo entre a precariedade do sistema que já é normalmente disfuncional, a enrolação (...) e a 'paralisação parcial' de fato", os terceirizados conduziram uma greve intermitente na qual as interrupções e o retorno ao trabalho se sucediam "em diversas bilheterias, de acordo com oportunidades, a força do momento", e sem coordenação aparente.[156] A uma catraca de distância, o conflito passava quase despercebido aos olhos da maioria dos funcionários efetivos do metrô, conhecidos por sua intensa atividade sindical. Além de expor o abismo aberto pela terceirização dentro de um mesmo espaço de trabalho, a dificuldade em reconhecer aquela greve, completamente fora do rito oficial – sem começo nem fim delimitado, sem um anúncio claro, sem assembleias ou negociações formais –, é sinal da perda de forma do conflito social no mundo do trabalho sem forma.[157]

Como a mobilização subterrânea nas bilheterias, inúmeras paralisações de entregadores explodem e se desfazem sem contornos precisos, nos espaços de sombra voltados para o trabalho difu-

---

[155] Dois funcionários do Metrô, "Metrô SP: Terceirizados da bilheteria denunciam descontos abusivos", *Passa Palavra*, 3 mar. 2019.

[156] "Bilheteiros do Metrô param os atendimentos contra descontos abusivos do salário", *Passa Palavra*, 7 mar. 2019. Chama atenção que, no início da mobilização, um grupo de bilheteiros tenha recorrido ao sindicato que os representa legalmente frente a empresa e recebido a resposta de que "a greve só é benéfica aos funcionários públicos", pois para os terceirizados a greve "não é legalmente aceita, e sim a paralisação".

[157] Dois anos e uma pandemia depois, numa estratégia acelerada pela perda de receita durante o período de isolamento social, o governo de São Paulo anunciaria a extinção do contrato com as prestadoras de serviço e o fechamento de todas as bilheterias do metrô, transferindo o trabalho dos funcionários para os usuários por meio de um *app* e máquinas de *autoatendimento* (Fernando Nakagawa, "Metrô de SP triplica prejuízo em 2020 e quer fechar bilheterias para economizar", *CNN*, 1 abr. 2021).

so que movimenta a logística urbana: docas de *shoppings*, bolsões de motos, centros de distribuição, *dark kitchens* e *dark stores*[158], além dos ambientes virtuais. Se entre os terceirizados do metrô a insubordinação oscilava de uma estação a outra de acordo com as brechas e a pressão do momento, entre os motoboys é comum que o conflito salte de loja em loja, de um bairro a outro, ou de cidade em cidade de maneira descontínua e imprevisível: enquanto os primeiros grevistas chegam ao seu limite de forças e recursos, um novo grupo anuncia um breque noutro canto, contagiado por vídeos e relatos que se espalham em tempo real.

Quando a alta rotatividade do trabalho é a regra, as lutas também se tornam altamente rotativas: dentro de uma mesma cidade é comum que os entregadores da "linha de frente" de um protesto não tenham participado de movimentos anteriores. E se dificulta um processo consistente de cooptação das lideranças, a dinâmica centrífuga das lutas também desafia qualquer esforço de organização do movimento. Grupos de WhatsApp surgem e são abandonados a cada mobilização, trabalhadores se reúnem e se dispersam com a mesma volatilidade com que se interrompe uma conversa na calçada quando toca um novo pedido: como moléculas de gás que se condensam na hora da tempestade, é apenas no instante do enfrentamento que ganha corpo esse proletariado em nuvem.

"Uma 'base' que só existe num processo de enfrentamento", que se "dissolve tão logo a ação declina", "não está disponível para ser gerenciada".[159] Mesmo as lideranças que despontam publicamente, longe de dirigir um contingente coeso de

---

[158] A expansão do serviço de *delivery* por aplicativos vem produzindo, ao redor do mundo, a proliferação de cozinhas e lojas "fantasmas" – instalações sem atendimento presencial aos clientes, que por vezes reúnem diversos estabelecimentos virtuais, reduzindo custos com pessoal, mobiliário, estoque e aluguel (Nabil Bonduki, "Dark kitchens, que vieram para ficar, são boas para as cidades?", *Folha de S. Paulo*, 16 fev. 2022). Nova frente de investimentos imobiliários, elas também se tornam pontos de reunião de entregadores, onde, com frequência, eclodem conflitos (ver, por exemplo, Treta no Trampo, "A greve na loja da Vila Madalena entra no 2º dia", *Twitter*, 6 nov. 2021).

[159] Francesc e El Quico, "Notas em defesa da centralidade do conflito", *Passa Palavra*, 2 mar. 2021.

motoboys, contam, quando muito, com uma rede difusa de seguidores, também na nuvem. Para *youtubers* e *influencers* ligados ao movimento, menos dirigentes do que "empreendedores políticos"[160], o engajamento na causa frequentemente se confunde com a carreira pessoal. Ganhar a luta não se dissocia de ganhar *com* a luta, o que pode significar desde a monetização de vídeos até a colaboração em ações de *marketing*, passando pelo convite para tornar-se dono ou gerente de uma operadora logística. A ambiguidade, que descreve uma zona de indistinção entre atuação política e trabalho, já está em alguma medida contida no vocabulário corrente dos entregadores: ser um "guerreiro" ou "ir pra luta" são expressões que podem se referir tanto ao conflito contra o aplicativo, como à guerra de baixa intensidade vivida no dia a dia da correria sobre duas rodas.[161]

[160] A expressão é utilizada por Rodrigo Nunes para lançar luz sobre a dimensão financeira da militância bolsonarista – um verdadeiro "fenômeno empreendedorístico", que pode ajudar a compreender uma dinâmica presente em outras mobilizações. "Fosse pela criação de movimentos habilitados a captar recursos de destinação nebulosa, fosse pela conquista (ou reconquista) de espaços na mídia tradicional, fosse pela monetização de canais no YouTube e perfis no Instagram, eles constituíram um circuito em que a acumulação de capital político se convertia facilmente na acumulação de capital econômico, e vice-versa. Essa convertibilidade é, aliás, simultaneamente o meio pelo qual a trajetória de empreendedor político se constrói e um fim. Ao consolidar-se como influenciador, o indivíduo se cacifa para pleitear um cargo público, seja por eleição ou indicação; o cargo público, por sua vez, traz notoriedade e uma audiência fiel, retroalimentando a performance nas redes sociais. Mesmo quando não conduz a uma carreira na política, esse tipo de empreendedorismo sempre envolve vantagens pecuniárias, tanto diretas (convites para palestras, contratos publicitários e editoriais, venda de produtos como camisetas e adesivos, verbas públicas) quanto indiretas (perdão de dívidas fiscais, empréstimos, acesso a autoridades)." (Rodrigo Nunes, "Pequenos fascismos, grandes negócios", *Piauí*, out. 2021).

[161] Não é incomum que, durante um piquete em um *shopping center*, alguém apareça com uma caixa de som portátil tocando Racionais MC's, SNJ, 509-E, DMN, entre outros grupos de *rap* nacional, que despontaram nos anos 1990 cantando a guerra civil não declarada em curso nas periferias brasileiras. Ao longo da década seguinte, a contradição social expressada nas letras ganharia contornos cada vez mais ambíguos, entre a resistência e a adesão à concorrência generalizada. Nos versos que enunciam que "o hoje é a realidade que você pode interferir" e que "o futuro será consequência do presente" (Racionais MC's), ou que "se tu lutas tu conquistas" (SNJ), a convocação pode representar o chamado para um combate em que a conquista só é possível por meio da interferência coletiva no presente – a luta social. Mas também pode ser a expressão de uma condição objetiva que se impõe a todos aqueles para quem o dia a dia é uma sucessão de batalhas pela sobrevivência, como o "desempregado, com seus filhos passando fome e uma grande família" (SNJ). É preciso "não medir esforços" (SNJ) ou, como explicam letras compostas pelos próprios entregadores, ser "ninja" e "arriscar a vida" tanto na correria do cotidiano como para brecar o sistema – "todo dia nessa luta" ambivalente. (Racionais MCs, "A Vida é Desafio" em *Nada como*

A profusão de candidaturas de motoristas de *app* nas eleições municipais de 2020,[162] em sua maioria por legendas fisiológicas e de direita, representam muito mais uma via de ascensão individual do que a tática deliberada de um movimento articulado do setor, que não existe.

Hoje, estruturas organizativas só perduram fora do conflito à medida que passam a operar como engrenagens do próprio trabalho, caso das inúmeras associações profissionais, sindicatos e cooperativas que funcionam, para os entregadores, como canais de inserção no mercado de trabalho – e também dos grandes movimentos sociais de décadas atrás, que agora subsistem como mediadores do acesso a programas governamentais e ao mercado. Basta lembrar do mais novo êxito do Movimento dos Trabalhadores Sem Terra (MST) no setor financeiro, uma parceria com grandes grupos empresariais para levantar recursos para sete cooperativas de assentados – entre as quais figuram algumas das maiores produtoras de alimentos orgânicos do continente[163] –, emitindo títulos ao alcance de "pequenos e médios investidores" em uma plataforma *online*.[164] Diante da insuficiência e do desmantelamento das políticas de fomento à chamada "agricultura familiar", o MST recorreu diretamente ao mercado, numa operação que captou mais de 17 milhões de reais, sem a mediação de programas governamentais, em sintonia com a crescente valorização (e quantificação) do "impacto social" dos investimentos mundo afora.[165]

---

um dia após o outro dia, 2002, "Se tu lutas tu conquistas" em *Se tu lutas tu conquistas*, 2001; Sang, "Diz pro iFood", Rzl Prod., 2020 e Família019 CPS, "22 de junho de 2020").

162 Leandro Machado, "Eleições municipais 2020: os entregadores e motoristas do Uber que viraram candidatos", *Folha de S. Paulo*, 13 nov. 2021.

163 Para uma reflexão crítica sobre a trajetória do MST, ver "MST S.A.", *Passa Palavra*, 8 abr. 2013 e Ana Elisa Cruz Corrêa, *Crise da modernização e gestão da barbárie: a trajetória do MST e os limites da questão agrária*, tese de doutorado, UFRJ, 2018.

164 Paula Salati, "MST inicia captação de R$ 17,5 milhões no mercado financeiro para produção da agricultura familiar", *G1*, 27 jul. 2021 e Maura Silva e Luciana Console, "Fundo de investimento permite financiar cooperativas de pequenos agricultores", *MST*, 22 mai. 2020.

165 "Apesar das dificuldades enfrentadas com a falta de auxílio [na pandemia], políticas de fo-

Por sinal, faz algum tempo que certos movimentos sociais migraram para a nuvem. Ao longo dos anos 2000, os desafios da gestão de acampamentos com centenas de famílias nas periferias, atravessados por disputas com poderes territoriais concorrentes e sempre na iminência do despejo, fizeram com que cada vez mais movimentos de moradia – com destaque ao Movimento dos Trabalhadores Sem Teto (MTST) – passassem a reconhecer as ocupações como um momento necessariamente provisório e adotassem, como estrutura permanente, um grande cadastro de famílias. Enquanto outras organizações constituíam uma base cobrando aluguel em prédios ocupados, o MTST expandiu suas fileiras exigindo engajamento ao invés de dinheiro: a participação nas assembleias e atos rende pontos que condicionam o acesso ao "bolsa aluguel" negociado com o governo, e o score de cada família dita o *ranking* da fila de espera pela casa prometida.[166] Em suma, o "trabalho de base" deu lugar ao trabalho *da* base. Com um núcleo de tecnologia pioneiro, o movimento digitalizou parte dessa logística interna de ocu-

---

mento e acesso à créditos, camponesas e camponeses seguem fomentando soluções", afirma um pequeno balanço da operação financeira publicado no site do MST. Para os milhares de interessados que não conseguiram adquirir suas cotas, o movimento promete repetir a dose em breve (Lays Furtado, "Finapop consolida horizontes de investimentos para a agricultura familiar camponesa", 28 out. 2021). Sobre a gestão financeirizada do conflito social que se delineia a partir desta e de outras iniciativas, estruturadas para capturar "fluxos de rendimentos gerados por ações sociais", ver Isadora Guerreiro, "Impacto Social, Apps e financeirização das lutas", *Passa Palavra*, 30 ago. 2021 e "O futuro dos trabalhadores é a rua?", *Passa Palavra*, 14 fev. 2022.

[166] "O sistema de pontuação foi originado pelos movimentos populares urbanos do campo Democrático Popular, e serve como fila não apenas para o acesso a processos de construção, mas para qualquer outro relacionamento da família com a organização". De ferramenta de controle interno, nota Isadora Guerreiro, o MTST faria do cadastro também um instrumento de negociação com o poder público. Em meados de 2010, um coletivo já alertava para o uso do controle de presença em "assembléias, reuniões políticas ou atos públicos considerados importantes pela direção", e até mesmo em ações de "campanhas eleitorais", para determinar quem tinha acesso "às promessas do movimento: casas, bolsas em Faculdades, cursos de formação, loteamentos". Isso quando o cadastro não era "também meio de controle e monitoramento para (...) prestação de contas do movimento junto ao Estado, em razão de convênios e parcerias afins estabelecidas com ele." (Isadora Guerreiro, *Habitação a contrapelo: as estratégias de produção do urbano dos movimentos populares durante o Estado Democrático Popular*, tese de doutorado, FAU-USP, 2018 e Passa Palavra, "Entre o fogo e a panela: movimentos sociais e burocratização", *Passa Palavra*, 22 ago. 2010).

pações e manifestações em um *app* e, mais recentemente, lançou a campanha "Contrate quem luta", que conta com um *bot* de WhatsApp capaz de conectar sem-teto cadastrados a clientes em busca de uma série de serviços.[167]

Se "a fronteira entre formas de associação voltadas para a luta coletiva e aquelas destinadas a engajar ainda mais o trabalhador na exploração se esfumaçou",[168] não é estranho que os conflitos do nosso tempo ocorram por fora das organizações consolidadas, ou até contra elas, mas sem edificar estrutura alguma em seu lugar. A maior onda de greves da história do país, de 2011 a 2018 – e não nos anos 1980, como se poderia supor –, tem tão pouco a ver com o ciclo de lutas que marcou o final da ditadura que a comparação fica quase descabida.[169] Ao ressurgir em nichos fordistas relativamente estáveis quarenta anos atrás, o sindicalismo ainda nutria um horizonte de ampliação de conquistas, no qual se forjaram novas e importantes organizações de massa, integradas no esforço geral de "construção da democracia" – mantra que, de lá pra cá, se dissiparia "num presente perpétuo de trabalho redobrado"[170]. Ao longo da última década, as greves passaram "a ocorrer, cada vez mais, no campo das reações imediatas, urgentes"[171]: pelo pagamento de salários atrasados e o cumprimento da legislação, contra o fechamento de unidades e demissões em massa, entre outras reivindicações "defensivas". Levados adiante à revelia dos sindicatos e frequentemente hostis a seus representantes, tais movimentos por vezes assumiam traços insurrecionais, como as rebeliões nos canteiros de grandes obras do finado Programa de Aceleração do

---

[167] Núcleo de tecnologia - Setor de formação política - MTST", https://nucleodetecnologia.com.br/.
[168] Francesc e El Quico, "Notas em defesa da centralidade do conflito", cit.
[169] A comparação da série histórica de greves encontra-se em DIEESE, "Balanço das greves de 2018", *Estudos e Pesquisas*, n. 89, abr. 2019.
[170] Um grupo de militantes, "'Olha como a coisa virou'", cit.
[171] Segundo o "Balanço das greves de 2017" do DIEESE, "(...) a ênfase defensiva da pauta das greves continua, mas observam-se algumas rupturas, algumas descontinuidades. Pode-se dizer, de modo breve, que o aspecto civilizatório das greves defensivas passa a ser relativizado. Ou seja, sem deixar de abordar aqueles direitos historicamente descumpridos, as greves passam a ocorrer, cada vez mais, no campo das reações imediatas, urgentes: contra a realização de demissões e contra o atraso no pagamento de salários." (DIEESE, *Estudos e Pesquisas*, n. 87, set. 2018).

Crescimento[172] ou as paralisações selvagens de motoristas de ônibus fora das garagens às vésperas da Copa do Mundo[173].

A despeito da sua dimensão sem precedentes, a avalanche de greves dos anos 2010 não deixou margem para qualquer "acúmulo de forças" – nem aqui, nem na China. Ao contrário do que se poderia imaginar, a situação era parecida no coração industrial do planeta, atravessado por uma onda de motins operários no mesmo período. Sem canais oficiais de representação, as paralisações dispersas e violentas que se multiplicaram nas fábricas chinesas terminaram "incapazes de construir uma organização durável ou de articular demandas políticas".[174] Com ares de "saque", a greve aparecia como momento de "arrancar tudo o que fosse possível" a troco do dia a dia insuportável nos distritos industriais: "recuperar salários, bônus de férias e benefícios não pagos, ou simplesmente se vingar de gerentes que cometiam assédio sexual, de patrões

---

[172] Entre 2009 e 2014, greves explosivas ocorreriam nas obras das usinas hidrelétricas de Jirau, Santo Antônio e Belo Monte, do Complexo Portuário de Suape, da Refinaria Abreu e Lima e do Complexo Petroquímico do Rio de Janeiro – "greve não, terrorismo", explicaria um operário de Jirau ao filmar pelo celular o incêndio nos alojamentos do canteiro de obras. Ver, além do documentário *Jaci: sete pecados de uma obra amazônica* (Caio Cavechini, 2015) as pesquisas de Cauê Vieira Campos (*Conflitos trabalhistas nas obras do PAC: o caso das Usinas Hidrelétricas de Jirau, Santo Antônio e Belo Monte*, dissertação de mestrado, UNICAMP, 2016) e Rodrigo Campos Vieira Lima (*Desenvolvimento e Contradições Sociais no Brasil contemporâneo. Um estudo do Complexo Petroquímico do Rio de Janeiro – Comperj*, dissertação de mestrado, UNESP, 2015).

[173] Para o então prefeito Fernando Haddad, a paralisação dos motoristas e cobradores de São Paulo à revelia do sindicato não era exatamente uma greve, mas "uma guerrilha inadmissível. Como você entra no ônibus e manda o passageiro descer? Entra no ônibus e joga a chave fora?" ("Greve de ônibus trava SP, e Haddad fala em 'guerrilha'", *ANTP*, 21 mai. 2014). No rescaldo dos conflitos em torno do transporte que sacudiram o país, aquela onda de paralisações selvagens, entre maio e junho de 2014, se somou a protestos e "catracaços" de passageiros em terminais de ônibus e estações de metrô. Para registros dessas lutas em diferentes cidades, ver "Sem choro nem vela: paralisações no transporte em Goiânia", *Passa Palavra*, 18 mai. 2014; "De baixo para cima: a greve dos rodoviários em Salvador", *Passa Palavra*, 27 mai. 2014 e "São Paulo: greve dos metroviários e catracaço dos usuários", *Passa Palavra*, 5 jun. 2014.

[174] Eli Friedman, *Insurgency Trap: Labor Politics in Postsocialist China*, Londres, ILR Press, 2014, p. 13. No início dos anos 2010, militantes e intelectuais que acompanhavam as greves na China ainda "esperavam uma generalização da passagem de ações 'defensivas' para ações 'ofensivas', nas quais os trabalhadores procurariam aumentos salariais além das leis e normas existentes, em vez de 'reagir' quando os patrões os empurravam para longe demais e não cumpriam as normas legais. Nos anos que se seguiram, porém, essas demandas 'reativas' (por salários não pagos, seguro social, etc.) permaneceram dominantes nas lutas trabalhistas." (Chuang, "Picking Quarrels", *Chuang 2: Frontiers*, 2019).

que pagavam capangas para espancar trabalhadores em luta etc."[175] Outras vezes, os operários "simplesmente pegavam o dinheiro e saíam", chutando o balde – ou melhor, "levantando o balde" e abandonando os alojamentos, para usar a expressão típica dos trabalhadores migrantes chineses que viralizou recentemente ao lado de vídeos críticos à vida nas fábricas.[176]

Sem o antigo "horizonte de 'conquistas' a serem acumuladas, numa perspectiva mais ampla de integração progressiva", o que resta às lutas do nosso tempo é refluir aos poucos ou escalar imediatamente, "assumindo sem qualquer mediação formas insurrecionais (sem antes e depois)"[177]. Daí que protestos contra um aumento nas tarifas de transporte se tornem, em poucos dias, terremotos nas ruas do Brasil ou do Chile; que a violência policial incendeie cidades na Grécia, nos Estados Unidos ou na Nigéria; que um aumento nos combustíveis paralise o Equador, a França, o Irã ou o Cazaquistão. Ainda que as reivindicações iniciais forneçam contornos mínimos a esses levantes, sua explosão tende a extrapolá-las e diluí-las em uma revolta generalizada contra a ordem – que acaba por se traduzir em muitos casos, de maneira imprecisa, em uma revolta "contra o governo".[178]

---

[175] A onda de greves dos anos 2010 não era indício do "surgimento de um 'movimento trabalhista' tradicional, nem de qualquer coisa parecida com isso. Não existe tal movimento na China, e não é simplesmente devido à repressão, porque também não existe tal movimento na Europa, nos Estados Unidos ou em outros lugares sem a opressão 'dura' característica da política estatal chinesa." (Lorenzo Fe, "Overcoming mythologies: An interview on the Chuang project", *Chuang*, 15 fev. 2016).

[176] G., "Scaling the Firewall, 1: #LiftTheBucket", *Chuang*, 24 set. 2020.

[177] Francesc e El Quico, "Notas em defesa da centralidade do conflito", cit.

[178] A difusão da pauta não deixa de ser outro sintoma da perda de forma das lutas. Em junho de 2013, a existência de um interlocutor organizado, o Movimento Passe Livre (MPL), ainda conferia algum contorno aos distúrbios das ruas, especialmente em São Paulo. "A explosão da revolta é (...) também a explosão do sentido e, na medida em que essa explosão tem que ser contida, a manutenção da pauta (em que se empenha o MPL) cumprirá um papel limitador fundamental." (Caio Martins e Leonardo Cordeiro, "Revolta popular: o limite da tática", *Passa Palavra*, 27 mai. 2014). Anos depois, na França, a insurgência dos coletes amarelos pareceu se radicalizar conforme perdia importância a pauta inicial do imposto sobre o combustível; aliás, entre os manifestantes, havia até aqueles que defendiam abertamente que não se reivindicasse nada, para não dar ao Estado a chave da desmobilização (ver "On se bat pour tout le monde", *Jaune - Le journal pour gagner*, 6 jan. 2019).

Tão intensos quanto descontínuos, sem jamais assumir formas estáveis, os conflitos que se proliferam de um extremo ao outro do globo podem ser descritos como "não-movimentos sociais".[179] Trazida à tona nos debates de certos círculos militantes, a expressão vem a calhar num contexto de "luta de classes sem organização de classe",[180] cada vez mais atomizada, cuja propagação passa menos por estruturas centralizadas do que por ações que se replicam de maneira dispersa. Não-movimentos se expandem através de gestos que podem ser "copiados e imitados, acumulando instâncias de repetição"[181] e se ramificando como *memes* na internet – só que nas ruas, numa dinâmica que retroalimenta as redes. É o caso do Breque dos Apps, que não era uma organização nem uma campanha planejada, mas um gesto replicável difundido por meio de vídeos que seguiam o mesmo roteiro. E também das paralisações no setor de *telemarketing* logo após a chegada do novo coronavírus por aqui; dos bloqueios de dezenas de rotatórias por pedestres vestidos com coletes reflectivos na França; dos "catracaços" estudantis e da "*primera línea*" nos protestos chilenos... Através da multiplicação desses atos descentralizados, os conflitos adquirem escala sem adquirir uma forma estável (quando a forma se fixa, o meme perde força e corre o risco de se converter em marca, em imagem vazia de conteúdo, numa estetização da revolta)[182].

---

[179] "Onward Barbarians", *Endnotes*, dez. 2020.

[180] A expressão, usada por Chris King-Chi Chan para descrever os conflitos fabris na China, coincide curiosamente com a síntese do marxista brasileiro Luiz Carlos Scapi sobre os protestos de junho de 2013: "movimento de massas sem organização de massas" (ver C. K. Chan, *The challenge of labour in China: strikes and the changing labour regime in global factories*, tese de doutorado, University of Warwick, 2008).

[181] Adrian Wohlleben, "Memes Without End", *Ill Will*, 16 mai. 2021. Ver também Paul Torino e Adrian Wohlleben, "Memes With Force – Lessons from the Yellow Vests", *Mute*, 26 fev. 2019.

[182] Basta lembrar como aquela violência popular anônima e difusa que chocou os noticiários brasileiros durante os tumultos de junho de 2013 – na época, chamada simplesmente de "vandalismo" ou "baderna" – foi gradualmente substituída, já na ressaca das grandes manifestações, pela figura midiática cristalizada do black bloc. O refluxo dos conflitos torna-se visível quando o que antes viralizava e se transformava como meme se reduz a uma marca estática ou uma encenação simbólica da revolta. Há algo disso na insistência para "não voltar à normalidade" dos incansáveis manifestantes que continuaram a se reunir regularmente na inóspita rotatória central de Santiago meses depois do auge do estallido social chileno; assim como nos grupos franceses que, passado o auge da mobilização, tentaram transformar os "coletes amarelos" em uma identidade fixa.

Pressionados por tumultos difusos e sem interlocutores com quem negociar, governos e empresas ao redor do mundo têm o desafio de "responder unilateral e racionalmente a uma insurgência 'irracional'"[183]. A formalização dos não-movimentos – isto é, sua tradução a uma gramática legível pelas instituições – aparece, aqui, como precondição para sua neutralização e incorporação. Contudo, mesmo quando as revoltas saem vitoriosas em suas reivindicações imediatas, a volta à normalidade costuma carregar a sensação de que nada melhorou, ou mesmo de que a situação piorou. A incapacidade do Estado em absorver por completo a energia de contestação deixa uma insatisfação latente, que pode se reverter no avesso do impulso original – não foi essa, afinal, a continuidade entre a revolta de junho de 2013 e a insurgência bolsonarista?[184] Da eleição de políticos que assumem abertamente a violência social à degradação em guerras civis propriamente ditas, com frequência os não-movimentos terminam acelerando a tendência destrutiva da própria crise.[185] Mobilizações intensas e desgastantes que, entretanto, não saem do lugar: estariam os conflitos do nosso tempo presos também ao ciclo infernal do *nèijuǎn*?

Nas paredes carbonizadas das estações de metrô de uma Hong Kong sublevada, frases como "prefiro virar cinzas do que pó" ou "se queimarmos, vocês queimam conosco" condensavam uma imagem precisa não apenas do beco sem saída enfrentado pelos amotinados daquela cidade, mas do clima sufocante que pesa sobre as revoltas do nosso tempo.[186] Se faz pouco sentido

---

[183] Eli Friedman, *Insurgency Trap*, cit., p. 19.
[184] Discutimos tal continuidade a fundo em "Olha como a coisa virou", cit.
[185] Nesse sentido, Ana Elisa Corrêa e Rodrigo Lima observam que "tais explosões acabam por agravar a fragmentação generalizada e tornar ainda mais abstrata a própria revolta", a qual termina por contribuir "para ampliar o quadro de risco que compõe o arsenal" de realização da acumulação de capital nos nossos dias ("Revolta popular e a crise sistêmica: a necessária crítica categorial da práxis", Anais do XIV Encontro Nacional de Pós-Graduação e Pesquisa em Geografia, Editora Realize, 2021).
[186] Apurando o olhar em meio às miragens geopolíticas que envolviam os protestos de Hong Kong em 2019, um grupo de militantes encontrou um aparente paradoxo: "Como é possível que o agrupamento menos abertamente político – aquele que parece não querer nada mais do que ver

falar em acúmulo de forças, "a raiva certamente se acumula",[187] e está sempre a um triz de descambar para a violência entre os próprios esfolados. Sem mudanças significativas nas condições de trabalho, não é incomum escutar motoboys defendendo as paralisações como uma forma de, ao menos, se vingar dos aplicativos[188] – mas o ódio coletivo pode rapidamente se voltar contra um motorista numa briga de trânsito ou contra um ladrão de motos pego em flagrante e prestes a ser linchado. Com os mesmos contornos vingativos e suicidas das explosões individuais de desespero, os enfrentamentos frequentemente se reduzem a uma escalada de violência sem sentido.[189] E alguém precisa ficar

a cidade queimar – seja, na verdade, o único com uma intuição precisa do terreno político real? Isto porque, por um lado, a sua própria falta de coordenadas políticas é um reflexo exato do estado da consciência coletiva do movimento. O seu ato literal de dilacerar a cidade é também um desdobramento figurativo do fundamento político e ideológico da cidade." (Chuang, "O Deus Dividido", *Chuang*, jan 2020).

[187] "Estamos de volta ao tempo do ódio de classe... na ausência de classes no sentido histórico e marxista do termo", conclui a análise de outro grupo sobre os protestos contra o passaporte sanitário na França. "Aqui, a raiva certamente se acumula, mas não tem o caráter da 'experiência proletária' que objetivou a luta de classes e inscreveu nela ciclos de luta e, portanto, continuidades e descontinuidades com períodos de maior e menor intensidade que se sucederam no tempo. (...) Aqui, a sensação de que nada realmente começou dá a impressão de que a própria temporalidade desapareceu." (Temps Critiques, "Demonstrations Against the Health Pass… a Non-Movement?", *Ill Will*, 5 out. 2021).

[188] Sem perspectiva de conquistas, as reivindicações dos trabalhadores dão lugar à vingança. Em julho de 2021, um rastro de destruição chamaria atenção dos jornais de São Paulo: em diferentes pontos da cidade, dezenas de ônibus vinham sendo abordados por grupos pequenos e não identificados que murchavam pneus, cortavam a correia dos motores, quebravam vidros ou danificavam as chaves. A misteriosa onda de sabotagem foi atribuída a "ex-funcionários desligados das empresas de ônibus" (Adamo Bazani, "Polícia faz diligências para identificar autores de vandalismo contra ônibus em São Paulo e classifica participantes como criminosos", *Diário do Transporte*, 12 jul. 2021). Em 2019, um coletivo de jovens demitidos de empregos precários em pequenos estabelecimentos na Itália se organizou para assombrar seus antigos "patrões de merda" indo protestar na frente das lojas com o rosto coberto por máscaras brancas – "fazê-los pagar" poderia dizer respeito tanto às verbas rescisórias quanto à *vendetta* (Francesco Bedani e outros, "È l'ora della vendetta?", *Commonware*, 12 set. 2019).

[189] A ocupação das ruínas de uma loja de fast food em Atlanta, incendiada em meio à rebelião de junho de 2020 nos Estados Unidos, depois que outro jovem negro foi morto ali pela polícia, e de onde adolescentes saíam todas as noites "para bloquear as estradas com lança-chamas, armas, espadas e veículos", ilustra bem essa dinâmica. O relato de um grupo de militantes "intoxicados por uma mistura de adrenalina de 17 dias seguidos de revolta, um grande estoque de álcool saqueado, MDMA" e muito mais, conta como os "ares nitidamente 'anti-políticos'" daquele espaço rapidamente evoluíram para uma mistura de "paranoia e fatalismo": "estou pronto para morrer por esta merda!" era o que se escutava dos "jovens negros armados até os dentes" que se revezavam em

para varrer – como ocorreu na manhã seguinte à maior manifestação da história do Chile, quando imigrantes venezuelanos se organizaram para limpar voluntariamente as ruas do centro de Santiago; ou em Quito, naquele mesmo outubro de 2019, onde a faxina das barricadas ficou a cargo de um mutirão organizado pela própria Coordenação Nacional Indígena do Equador (CONAIE) após o acordo que encerrou o levante. Vistos daí, motins e rebeliões das mais variadas dimensões se tornam mais um dado rotineiro do nosso cotidiano catastrófico.

Curiosamente, a expressão "não-movimentos" apareceu primeiro na literatura sociológica para descrever o "estado constante de insegurança e mobilização" das camadas urbanas subalternas "cujos meios de vida e a reprodução sociocultural frequentemente dependem do uso ilegal dos espaços públicos da rua", numa "longa guerra de atrito" com as autoridades nas metrópoles do Oriente Médio contemporâneo.[190] Nada muito distante da correria de mar-

vigília para "defender um estacionamento que continha pouco mais do que um prédio destruído" de um suposto ataque iminente de supremacistas brancos ou da polícia. A ocupação terminaria "privatizada" por grupos identitários armados, com um saldo de sete tiroteios e a morte de uma criança de oito anos (Anônimos, "Wendy's: luta armada no fim do mundo", *Passa Palavra*, mai. 2021). Em meio a lutas travadas num contexto de profunda desagregação social, esses militantes toparam com problemas que soam familiares a quem tenta se organizar nas periferias brasileiras. Num balanço de mais de uma década de "tentativas de criar ocupações urbanas, assentamentos próximos de cidades, grupos de base em bairros de periferia", uma militante de Pernambuco relatava como "alguns bons frutos pareciam não compensar os fracassos e as frustrações, que se avolumavam. As avaliações eram recorrentes: a pobreza extrema dificultando a disciplina, (…) a juventude distante dos objetivos políticos, a veloz rotatividade fazendo a formação sempre recomeçar do zero. É um diálogo de surdos, dizia um dirigente. Não podemos admitir que nossas mobilizações virem clínicas de recuperação, dizia outro. A percepção geral é de que se trata de um povo degenerado – quase incapacitado para a organização social. (…) Não temos palavras em nosso vocabulário, conceitos em nossas teorias, páginas em nossas cartilhas e espaço em nossas reuniões para assimilar a dilacerante realidade da periferia." (Carolina Malê, "Critérios de periferia", *Passa Palavra*, set. 2010).

190 A ideia de "não-movimentos sociais" parece ter sido cunhada pelo sociólogo iraniano-americano Asef Bayat, em estudos sobre as transformações nas cidades do Oriente Médio, e empregada mais recentemente pelo autor para refletir sobre a origem das "revoluções sem revolucionários" que varreram a região no início da década passada (ver A. Bayat, *Revolution without revolutionaries: making sense of Arab Spring*, California, Stanford University Press, 2017, p. 104-108, e N. Ghandour-Demiri e A. Bayat, "The urban subalterns and the non-movements of the arab uprisings: an interview with Asef Bayat", *Jadaliyya*, 26 mar. 2013). Segundo o Bayat, "existem tensões constantes entre as autoridades e esses grupos subalternos, cuja subsistência e reprodução sociocultural muitas vezes depende do uso ilegal de espaços públicos externos. A tensão é frequente-

reteiros ou motoboys nas ruas brasileiras, sempre prontos a driblar uma *blitz* ou burlar a fiscalização, não pagar a passagem ou cruzar o farol vermelho para se virar: "esforços dispersos", individuais, cotidianos e contínuos, que podem envolver "ações coletivas quando os ganhos são ameaçados"[191]. Com apenas uma faísca, essa rotina desesperadora de trabalho, que transita a todo momento entre a resistência e o engajamento, pode se romper numa explosão desesperada – não custa lembrar que foi a autoimolação de um ambulante cujo carrinho de frutas acabara de ser confiscado que serviu de estopim aos protestos de 2011 na Tunísia.

Na viração das esquinas, entre "empregos de merda" e "trampos" temporários – ali onde não há nada de promissor à vista a não ser cair fora –, a insubordinação irrompe com a mesma urgência, o mesmo imediatismo da produção *just in time*. Os conflitos explodem como um gesto desesperado, um grito de "foda-se" em que se misturam "sofrimento, frustração e revolta"[192], frequentemente sob a forma de um ato de desforra individual – ou, quando muito, coletiva. Assim como a recente onda de deserções do trabalho nos Estados Unidos[193] e em outras partes do mundo, a debandada

---

mente mediada por suborno, multa, confronto físico, punição e prisão, quando não permanece marcada pela insegurança constante, por táticas de guerrilha como 'operar e fugir'. (...) A ligação entre os não-movimentos e o episódio das revoltas reside no fato de que os 'não-movimentos' mantêm seus atores em constante estado de mobilização, mesmo que os atores permaneçam dispersos, ou seus vínculos com outros atores permaneçam frequentemente (mas nem sempre) passivos. Isto significa que quando eles sentem que há uma oportunidade, é provável que forjem protestos coletivos coordenados, ou se fundam numa mobilização política e social maior" (*The urban subalterns and the non-movements of the arab uprisings*, cit.). Curiosamente, um dos exemplos mencionados pelo sociólogo são os "milhares de motociclistas que sobrevivem trabalhando ilegalmente nas ruas de Teerã, transportando correspondência, dinheiro, documentos, mercadorias e pessoas, em conflito constante com a polícia" (A. Bayat, *Revolution without revolutionaries*, cit., p. 97).

191 A. Bayat, *Revolution without revolutionaries*, cit., p. 106-108.
192 Temps Critiques, "Sur la valeur-travail et le travail comme valeur", *Lundi Matin*, 22 nov. 2021.
193 Nos últimos meses de 2021, demitir-se também virou *meme* nos Estados Unidos. Numa gravação em selfie no TikTok, uma jovem funcionária de fast food pula pela janela do *drive-thru* enquanto, rindo, anuncia sua demissão para o gerente. Com a *hashtag* #antiwork, o vídeo em que uma trabalhadora usa os alto-falantes de um supermercado para xingar os chefes e declarar sua saída circula ao lado de fotos de lojas sem atendentes, onde um cartaz escrito à mão explica que toda equipe pediu as contas. Os *memes* dão notícia de uma onda demissionária muito mais ampla (4 milhões de demissões por mês), descrita por um ex-Secretário do Trabalho como uma "greve

dos call centers nos primeiros dias da pandemia no Brasil era um sinal de recusa a uma rotina que, para arcar com a "normalidade" em colapso, torna-se ainda mais infernal. A cada nova emergência – sanitária, ambiental, econômica, social –, gira o parafuso da intensificação do trabalho, todos integralmente mobilizados num esforço sem fim em que não se formam senão "experiências negativas"[194]. Se os "não-movimentos" trazem uma boa notícia, contudo, ela é justamente essa: eles "indicam que o proletariado já não tem nenhuma tarefa romântica"[195], sem ter nada a esperar e também nada a perder.

---

geral não oficial" – a qual também não deixa de ser um sinal da perda de forma do trabalho. Entre relatos, piadas e denúncias contra empresas e patrões, as publicações em fóruns *online* como o *Antiwork: Unemployment for all, not just the rich!* oscilam entre o anarquismo e o "empreendedorismo de si mesmo" – com alguma frequência, "ser seu próprio chefe" aparece como alternativa aos empregos de merda. (Ver Robert Reich, "Is America experiencing an unofficial general strike?", *The Guardian*, 13 out. 2021 e Passa Palavra, "Greves e recusa ao trabalho nos EUA e no mundo: novo ciclo de lutas?", *Passa Palavra*, out. 2010).

[194] "Nestas recentes reações contra o trabalho, escutamos gritos de sofrimento, frustração e revolta misturados, numa expressão que a princípio não é coletiva, mas particular, individual e subjetiva. Enxergar aí uma consciência coletiva seria uma ficção, pois, hoje, são a noção e a experiência de uma consciência coletiva que tendem a se alterar, se dissolver, se decompor, já que, do trabalho, partem apenas 'experiências negativas' – e negativas no sentido original do termo, e não no sentido hegeliano e marxista (...). Da mesma forma que o proletariado não pode mais afirmar uma identidade operária, ele não pode mais se referir a uma 'experiência proletária'" – e só existe politicamente, nesse sentido, em "suas ações imediatas": frágeis e instáveis parênteses que se fecham tão logo o conflito cessa. (Temps Critiques, "Sur la valeur-travail et le travail comme valeur", cit.). Paulo Arantes já localizara "essa recentralização negativa do trabalho na origem da atual explosão de um novo sofrimento nas empresas e nas sociedades" em comentário aos achados de Christophe Dejours ("Sale Boulot", cit.).

[195] Endnotes, "Onward Barbarians", cit.

Nossos livros foram pensados para estimular ideias e ações. Por isso queremos convidá-la à construção de grupos de leitura contrabandistas. Montar um grupo de leitura é fácil. Basta juntar um círculo de amigos - na escola, no bairro ou no local de trabalho – e enviar um e-mail:

contato@contrabando.xyz

Conheça melhor nossos livros e autores

http://contrabando.xyz

**Leia no Blog da Muamba opiniões, análises
e comentários sobre os livros**

https://contrabando.xyz/blog/

Acompanhe notícias e debates

https://www.instagram.com/contrabandoeditorial/

Entre em contato com outros leitores

https://www.facebook.com/contrabandoeditorial

Fale direto conosco por WhatsApp

(11) 91069-3221

[CC BY-NC-SA 4.0] Contrabando Editorial
Somente alguns direitos reservados. Esta obra possui a licença Creative Commons de "Atribuição + Uso não comercial + Compartilha igual"

1ª edição set. 2022
1ª reimpressão maio 2023

Dados Internacionais de Catalogação na Publicação (CIP)
Elaborada por Aline Graziele Benitez - CRB-1/3129

um grupo de militantes na neblina
    Incêndio : trabalho e revolta no fim de linha brasileiro
    São Paulo : Contrabando Editorial, 2022.
ISBN 978-65-997188-3-0

1. Ciência política 2. Classes sociais 3. Movimentos sociais I. Um grupo de militantes na neblina. II Título.

2022-120292   CDD-303.4840905

Índice para catálogo sistemático:
  1. Movimentos sociais : Século 21 : Sociologia 303.4840905

Contrabando Editorial
Rua Itapeva, 490, conjunto 38
Bexiga, São Paulo
Contrabando.xyz
@ContrabandoEditorial

Título	Incêndio: Trabalho e revolta no fim de linha brasileiro
Autores	um grupo de militantes na neblina
	Contrabandistas
Comitê Editorial	Carolina Alvim de Oliveira Freitas
	Irene Maestro Sarrion dos Santos Guimarães
	Sílvia Cezar Miskulin
Projeto gráfico	Vittorio Poletto
Capa	Uibirá Barelli
Publicação	Aldo Cordeiro Sauda
	Especificações técnicas
Formato	13,7 x 21 cm
Tipologia	Adobe Hebrew
	Alte Haas Grostesk
Papel	Triplex Supremo 250g/m² (capa)
	Offset LD 75g/m² (miolo)
Número de paginas	104
Tiragem	1000
Impressão	Graphium

As imagens ao longo deste livro registram os dias de apagão no Amapá em novembro 2020.
A arte da capa remete à revolta de passageiros na GO-070 em setembro de 2015.